所有的为时已晚，
其实都是恰逢其时

文德 / 著

中国华侨出版社

北 京

前言

    2015 年 4 月，有一封辞职信引发热评。信里只有几个字："世界那么大，我想去看看。"有人说，这是史上最具情怀的辞职信。写这封辞职信的人是一名任职长达 11 年的女教师，辞职的时候已经 35岁了。值得一提的是，她说想出去看看并不只是说说而已，辞职信获批后，她就离开朝九晚五的生活，开始了一场说走就走的旅行。

    因为这句话成名后，她拒绝了很多旅游公司的合作方案，而是一个人去看这个大千世界，追逐自己内心最想要的自由和梦想。如今过去 5 年了，女教师确实找到了自己的远方，还在苍山洱海的一个转角处，遇到了相伴一生的爱人。他们一起怀揣诗意，结伴而行，从西部到南方，从南方到北方，无数的地方都留下他们携手的身影。

    相信每个人都幻想过远方，幻想过自由自在的旅行。辞职信缘何爆红？大概是因为它承载了每个人心中那悄悄的秘而不宣的小梦想。我们想做的，没勇气做的，35 岁的她做了。35 岁又何妨？与熟悉的生活告别，去做自己喜欢的事情，需要的是勇气。而勇气，与年龄无关。我们都害怕未知，害怕前途未卜，可是生活的魅力就在于，某一个时刻、某一段时期，你把自己当成一个过客，悄然地溜过一个吸引你的地方，你的生命、你的人生才会被赋予不一样的意义。

其实许多人都有自己的理想和追求，但大多数的人并没有坚持下来。比如，没有时间啊，要带小孩啊，要加班啊……久而久之，就放弃了。而后，每每想起，也还在惋惜，对于自己的理想，依然还是向往，就是没有勇气重新开始。总有人说，太晚了，已经晚了，这应该在生命最好的时光里做的。事实上，对一个真正对生活有追求、对生命有热爱的人来说，生命的任何时间都是最好的、来得及的。也有人说，那么大年纪了，就是重新开始，也不一定会成功啊。但是摩西奶奶开始画画的时候，从未想过成功，渡边淳一开始写作的时候，也从未想过闻名世界。当你全身心投入那场只为你而存在的演出里，你更能够发挥出你的潜力和创造力，如此足矣。

如果你想辞职去学摄影，假如那是你喜欢做的事情，就去做吧；如果你想从头开始做一名设计师，不要犹豫，开始行动吧。很多人担心会不会太晚，因为自己已经不够年轻；很多人担心会不会来不及成功，因为付出总想要得到回报。然而，真正阻碍你成功的从来不是年龄和时间，而是你的内心和毅力。有梦的人、还在摇摆的人，不要再纠结于未知和年龄，也不要让惰性磨灭了你的天赋和灵性。所有的为时已晚，其实都是恰逢其时。

目录

CONTENTS

第一章

人生是场马拉松，抢快不一定就赢

第二章

遇到的所有遗憾，其实都是对你的成全

所有的为时已晚，其实都是恰逢其时

第三章

生命中的悲剧，往往只是喜剧的伏笔

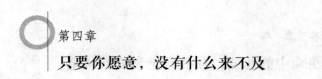

第四章

只要你愿意，没有什么来不及

所有的为时已晚，其实都是恰逢其时

第五章

如果事与愿违，请相信一定另有安排

第六章

对自己最大的慷慨，就是把努力留给现在

所有的为时已晚，其实都是恰逢其时

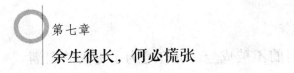

第七章

余生很长，何必慌张

第八章

暂时的不被成全，也许是为了更大的圆满

所有的为时已晚，其实都是恰逢其时

第九章

无论什么回报，都需要时间的发酵

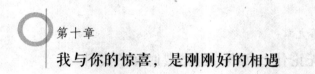

第十章

我与你的惊喜，是刚刚好的相遇

所有的为时已晚，其实都是恰逢其时

第一章

人生是场马拉松，
抢快不一定就赢

成功是持久战，不要总想着速成

急于求成在许多人身上都能见到，它的本质就是造成人们做事目的与结果不一致的一个重要原因。《论语》中有一句话："欲速则不达。"意思是说，一味主观地求急图快，违背了客观规律，造成的后果只能是欲速则不达。一个人只有摆脱了速成心理，一步步地积极努力，步步为营，才能达成自己的目标；一个企业要想在市场上有所作为，必定要先经过周密的部署，然后按照市场规律一步一步脚踏实地地去奋斗，最终才有可能取得好成绩。

正如一位哲人所说的那样，急于求成是永远不会获得想要的结果的，只有脚踏实地才能获得最终的成功。

万事万物的发展都要有一个过程。正如拔苗助长的故事，所有的幼苗由于没经历成长的必经过程，最终都死了。这说明了欲速则不达，遇事除了要用心用力去做外，还应顺其自然。成功本是持久战，不要总想着速成。

在我们现代社会中，效率成为最抢眼的字眼。许多人追求眼前利益，许多企业注重效率的提高来换取利益的最大化。但是值得注意的是，许多人因为盲目追求效率而追求速成，任何事情的完成都是要做大量的基层工作，把最基本的做好了，基础打牢了，才谈得上质量和效率。一味地只注重效率、追求速成，往往导致失败。

朱熹有一句十六字真言："宁详毋略，宁近毋远，宁下毋高，宁拙毋巧。"古人尚且懂得凡事都要脚踏实地，顺应客观规律去完成，即使短暂的突击得到了瞬间的效果，但终究是不牢固的，是经不起岁月的洗礼和时间的考验的。中国几千年文明积淀得出的一句"欲速则不达"的箴言，是值得细细体味的。

为什么现如今许多人却无法做到这一点呢？随着科技的创新、生活水平的提高，人们所见到的东西越来越多，所能享受到的也是越来越丰富，更多人信奉的是："随主流而不求本质。"在追求的过程中丧失了自己的目的性，不追求人生最根本的目的，转而追求一些形式上的成功，正如一句话中所说的，瞬间的成就可以使人获得短暂的名利，但如果谈起永恒，无非只是皮毛之举。放慢你的脚步，你会发现路边的风景同样也很美好，丝毫不比山顶的风光差。

如果我们想要成就一番事业，就必须从现在开始静下心来，摆脱速成心理的牵制，一步一个脚印地走下去。一场马拉松才刚刚开始，你怎么知道跑在后边的你不能成为最终的冠军呢？有一句话说得好："成功贵在坚持。"

明白世间无一劳永逸，才懂得坚持的真谛

当人们感慨幸运与成功为什么常常光顾他人，都从自己身边绕路走开的时候，却很少思考：那些成功的人和自己有什么不同。

也许，我们每个人的心里都有一个执着的愿望，只是一不小心把它丢失在了时间的蹉跎里，让天下间最容易的事变成了最难的事。然而，天下事最难的不过十分之一，能做成的有十分之九。想成就大事大业的人，尤其要用恒心来成就它，以坚韧不拔的毅力、百折不挠的精神、排除一切干扰的耐性，作为涵养恒心的要素，去实现人生的目标。

这个世界上，有一种人寂寂无声，却恒心不变，只是默默辛劳地努力着，坚持到底，从不轻言放弃。耐性与恒心是实现梦想的过程中不可缺少的条件，是发挥潜能的必要因素。耐性、恒心与追求结合之后，便形成了百折不挠的巨大力量。事业如此，德业亦如是。

每个人的成长都是一个漫长而坚毅的过程。在这个过程中，我们不仅要学习知识，还要修养身心，这都是慢慢积累起来的。唐代诗人李白的名句"只要功夫深，铁杵磨成针"说的就是人生是一个漫长的过程，知识和经验需要一点点的积累，才能最终散发出耀眼的光芒。

一位青年问著名的小提琴家格拉迪尼："你用了多长时间学琴？"格拉迪尼回答："20 年，每天 12 小时。"也有人问基督教长老会著名牧师利曼·比彻，他为那篇关于《神的政府》的著名布道词，准备了多长时间？牧师回答："大约 40 年。"

我们与大千世界相比，或许微不足道，不为人知。但是我们能够耐心地增长自己的学识和能力，当我们成熟的那一刻、一展所能的那一刻，将会有惊人的成就。

正如布尔沃所说："恒心与忍耐力是征服者的灵魂，它是人类反抗命运、个人反抗世界、灵魂反抗物质的最有力支持，它也是福音书的精髓。从社会的角度看，考虑到它对种族问题和社会制度的影响，其重要性无论怎样强调也不为过。"

凡事没有耐性，不能持之以恒，正是很多人最后失败的原因。英国诗人布朗宁写道：

实事求是的人要找一件小事做，找到事情就去做。

空腹高心的人要找一件大事做，没有找到则身已故。

实事求是的人做了一件又一件，不久就做一百件。

空腹高心的人一下要做百万件，结果一件也未实现。

拥有耐力和恒心，虽然不一定使我们事事成功，但也绝不会令我们事事失败。古巴比伦富翁拥有恒久的财富秘诀之一，便是保持足够的耐心，坚定发财的意志，所以他才有能力建设自己的家园。

任何成就都来源于持久不懈的努力，星云大师告诉世人，把人生看作一场持久的马拉松，整个过程虽然很漫长、很劳累，但在挥洒汗水的时候，我们已经慢慢接近了成功的终点。半路放弃，我们就必须要找到新的开始，那样我们会更加迷失，可是如果能继续坚持下去原路行进，终点是不会弃我们而去的。

人生像一场马拉松赛跑，有耐力能支持到最后的就是成功者。只要我们有恒心达到目标，比别人慢没有关系，到终点时一定会有人为我们鼓掌。

坎坷难行又怎样，你只管勇往直前就好了

坚持就是胜利，所有人都懂得这个道理，但是要真正做到并不容易。始终记着心中的目标，坚持就不再是盲目的举动。古人云"不积跬步，无以至千里；不积小流，无以成江海"，坚持不懈的努力，最终会换来丰硕的果实。

开学第一天，苏格拉底对学生们说："今天咱们只学一件最简单也是最容易的事。每人把胳膊尽量往前甩，然后再尽量往后甩。"说着，苏格拉底示范了一遍。"从今天开始，每天做300下。大家能做到吗？"

学生们都笑了。这么简单的事，有什么做不到的？过了一

个月，苏格拉底问学生们："每天甩手 300 下，哪些同学在坚持着？"有 90% 的同学骄傲地举起了手。又过了一个月，苏格拉底又问，这回，坚持下来的学生只剩下八成。

一年过后，苏格拉底再一次问大家："请告诉我，最简单的甩手运动，还有哪些同学坚持着？"这时，整个教室里，只有一人举起了手。这个学生就是后来成为古希腊另一位大哲学家的柏拉图。

甩手的动作最简单不过了，但是再简单的事能够坚持下来也是不简单的。就像故事中讲的一样，一个月过去了，还有一大部分人保持着这个习惯；一年过去了，很多人都坚持不下来了，那么只有一个人还没有放弃，最终他凭着这股坚毅的精神成就了大事，成为一位伟大的哲学家。在我们的生活中不也是这样吗，万事开头难，遇到困难的时候有的人选择放弃，有的人选择继续努力。结果可想而知，突破这段障碍，云破天开，雨过天晴。就像下面故事中的主人公：

齐藤竹之助成为推销员后遭拒绝的经历实在是太多了。有一次，靠一个老朋友的介绍，他去拜见另一家公司的总务科长，谈到生命保险问题时，对方说："在我们公司里有许多人反对加入保险，所以我们决定，无论谁来推销都一律回绝。"

"能否将其中的原因对我讲讲？"

"这倒没关系。"于是，对方就其中原因对齐藤竹之助做了详细说明。

"您说的确实有道理，不过，我想针对这些问题写篇论文，并请您过目。请您给我两周的时间。"

　　临走时，齐藤竹之助问道："如果您看了我的文章感到满意的话，能否予以采纳呢？"

　　"当然，我一定向公司领导建议。"

　　齐藤竹之助连忙回公司向有经验的老手们请教，接连几天奔波于商工会议所调查部、上野图书馆、日比谷图书馆之间，查阅了过去3年间的《东洋经济新报》《钻石》等经济刊物，终于写了一篇比较有把握的论文，并附有调查图表。

　　两周以后，他再去拜见那位总务科长。总务科长对他的文章非常满意，把它推荐给总务部长和经营管理部长，进而使推销获得了成功。

　　齐藤竹之助深有感触地说："销售就是初次遭到客户拒绝之后的坚持不懈。也许你会像我那样，连续几十次、几百次地遭到拒绝，然而，就在这几十次、几百次的拒绝之后，总有一次，客户将同意采纳你的计划。为了这仅有的一次机会，销售员在做着殊死的努力。销售员的意志与信念就显现于此。"

　　齐藤竹之助面对客户的拒绝，如果扭头就走，也就谈不成这单生意。优秀的销售员都是从客户的拒绝中找到机会，最后达成交易的。即使你遭到客户的拒绝，还是要坚持继续拜访。如果不再去的话，客户将无法改变原来的决定而采纳你的意见，你也就失去了销售的机会。

半途而废者经常会说"那已足够了""这不值""事情可能会变坏""这样做毫无意义"，而能够持之以恒者会说"做到最好""尽全力""再坚持一下"。龟兔赛跑的故事也告诉我们，竞赛的胜利者之所以是笨拙的乌龟而不是灵巧的兔子，这与兔子在竞争中缺乏坚持不懈的精神是分不开的。

世间最容易的事常常也是最难做的事，最难的事也是最容易做的事。说它容易，是因为只要愿意做，基本上人人都能做到；说它难，是因为真正能做到并持之以恒的，终究只是极少数人。巨大的成功靠的不是力量而是韧性，竞争常常是持久力的竞争。有恒心者往往是笑到最后、笑得最好的胜利者。每个人都有梦想，而追求梦想需要不懈的努力，只有坚持不懈，成功才不再遥远。

你知道的，成长本就是一个孤立无援的过程

"忍不但是人生一大修养，也是过幸福生活不可或缺的动力。"在谈及幸福人生为何需要"忍耐"时，星云大师曾这样回答：忍可以化为力量，因为忍是内心的智能，忍是道德的勇气，忍是宽容的慈悲，忍是见性的菩提。忍的含义如此丰富，自然能够为幸福人生增添更多的滋养。

真正的忍耐不仅在脸上、嘴上，更在心上，根本不需要忍耐，而是自然就如此，是不需要力气、分毫不勉强的忍耐。人要活着，必须以忍处世，不但要忍穷、忍苦、忍难、忍饥、忍冷、忍热、忍气，也要忍富、忍乐、忍利、忍誉。以忍为慧力，以忍为气力，以忍为动力，还要发挥忍的生命力。

有一支刚刚被制作完成的铅笔即将被放进盒子里送往文具店，铅笔的制造商把它拿到了一旁。

制造商对铅笔说，在我将你送到世界各地之前，有五件事情需要告知：

第一件，你一定能书写出世间最精彩的语句，描绘出世间最美丽的图画，但你必须允许别人始终将你握在手中。

第二件，有时候，你必须承受被削尖的痛苦，因为只有这样，你才能保持旺盛的生命力。

第三件，你身体最重要的部分永远都不是你漂亮的外表，而是黑色的内芯。

第四件，你必须随时修正自己可能犯下的任何错误。

第五件，你必须在经过的每一段旅程中留下痕迹，不论发生什么，都必须继续写下去，直到你生命的最后一毫米。

铅笔的一生可以说是充满传奇的一生，它用自己的生命勾勒着世人心中最精致的图画，书写着最温暖的文字，即使在生命渐渐消失的时候，还在创造着新鲜的美丽。但是，它所迈出的每一步，却都是踩在锋利的刀刃上，它的一生都在忍受着无穷的痛苦。

星云大师还说："忍，是中国文化的美德；忍，也是最大的德行。无边的罪过，在于一个'嗔'字；无量的功德，在于一个'忍'字。"充实的生命，幸福的人生，需要能够忍受寂寞，忍受他人的恶意羞辱，忍受生活的磨炼，在忍耐中坚强，在坚强中成长。

山里有座寺庙，庙里有尊铜铸的大佛和一口大钟。每天大钟都要承受几百次撞击，发出哀鸣，而大佛每天都会坐在那里，接受千千万万人的顶礼膜拜。

一天深夜里，大钟向大佛提出抗议说："你我都是铜铸的，你却高高在上，每天都有人向你献花供果、烧香奉茶，甚至对你顶礼膜拜。但每当有人拜你之时，我就要挨打，这太不公平了吧！"

大佛听后思索了一会儿，微微一笑，然后，安慰大钟说："大钟啊，你也不必艳羡我，你知道吗？当初我被工匠制造时，一棒一棒地捶打，一刀一刀地雕琢，历经刀山火海的痛楚，日夜忍耐如雨点落下的刀锤……千锤百炼才铸成佛的眼耳鼻身。我的苦难，你不曾忍受，我走过难忍能忍的苦行，才坐在这里，接受鲜花供养和人类的礼拜！而你，别人只在你身上轻轻敲打一下，就忍受不了，痛得不停喊叫！"

大钟听后，若有所思。

忍受艰苦的雕琢和捶打之后，大佛才成其为大佛，钟的那点捶打之苦又有什么呢？忍耐与痛苦总是相随相伴，而这样的经历，却总是能够将人导向幸福的彼岸。

在西方学者的眼里："忍耐和坚持是痛苦的，但它会逐渐给你带来好处。"而在中国的古人心中也有同样的含义，例如"不经一番寒彻骨，怎得梅花扑鼻香"。如此一说，忍耐似乎成了人们必修的业绩和成就的必需品。

忍是修行必需的一种精神，同时也是人获得成就不可回避的路程。"忍"是佛家的智慧，也是儒家的学说结晶之一，孔子所讲的"克己复礼"就是"忍"的一种。其实，人生的种种都需要忍耐，事业失败、感情受挫、学习刻苦、人际维持、家庭管理，如果你不能忍受这些，你将很难成功。人们干什么一定要有忍耐和坚持的精神，这是一种完全正确和不可或缺的人生观。

也许你不比别人聪明，也许你有某种缺陷，但你却不一定不如别人成功，只要你多一分坚持，多一分忍耐，就能够摆脱困境，成就他人所不能。山洞的开凿、桥梁的建筑、铁道的铺设，没有一个不是靠着人性的坚韧而建成的。

通往成功之路通常都是艰巨的，绝不可能唾手可得。生活中的苦涩，使人失望流泪；漫漫岁月的辛苦挣扎，催人衰老。人的一生经历机遇、打击、磨炼，这些都将化为百折不挠的意志，为事业的永恒做足心理储备。修行佛禅也好，成就人生也好，始终都要从困境里苦苦挣扎，最后臻至化境，而此刻最需要的，就是一颗能够忍受痛苦和孤独的心。忍，是人生的必要修行课。

去追梦，只为告别咸鱼一样的人生

人生是一场战争，从人呱呱坠地开始，没有硝烟的战争便开始了。和疾病作战，为生存而战，为自己而战，为家人而战，各种各样的战争充满了我们的生命旅程。

战争是国家大事，人民的生死、国家的存亡都受到战争的影响，因此不能不慎重地考察。提到战争，我们会把它和暴力、毁灭、恐怖等可怕的词语联系在一起。战争带给人类的伤害比自然灾害和疾病还要多，因为它不仅会夺走生命，还让人类相互猜忌、分离、仇恨、残杀。

事实上，战争本身只是一种手段，没有所谓的好与坏。关键在于战争背后的人是怀着怎样的目的去交战。这就如同人生一样，人生就是一个过程，不在乎长短，也没有善恶，关键在于我们怎样去经历。历史上的众多战役，有的代表正义，例如武王伐纣、岳飞抗金；有的代表邪恶，就像法西斯侵略。人生也被划分成两类：成功和失败。

在美国新泽西州的一所小学，26 个失足少年组成了一个特殊的班级，他们中有的吸过毒，有的偷过东西，家长和老师都对他们非常失望。当很多人都想远离这群孩子的时候，一位叫菲拉的女教师主动要求负责这个班。在第一节课上，菲拉在黑板上给出了一道选择题，让学生们通过判断选出一位长大最有可能造福于人类的人。这三个选项是：第一个迷信巫医，生活很不检点，抽烟嗜酒如命；第二个曾两次被赶出办公室，每天睡到中午才起床，每晚都要喝大约一千克的白酒，而且曾经吸食鸦片；第三个曾是国家的战斗英雄，一直保持素食习惯，从不吸烟酗酒，年轻时遵纪守法。

孩子们都选择了第三个。菲拉揭晓了答案，第一个是富兰克林·罗斯福，担任过四届美国总统；第二个是温斯顿·丘吉尔，英国历史上最著名的首相和诺贝尔文学奖的获得者；被大家看好的第三位是阿道夫·希特勒，法西斯战争的罪魁祸首。

看到答案，所有的同学都惊呆了，这件事情完全改变了孩子们对自己的态度，并且这些孩子一生的命运从此改变，其中就有今天华尔街最年轻的基金经理人罗伯特·哈里森。

孩子们认为一个人小的时候如果学习不好、经常干坏事，长大了就一定成为不了英雄；相反，如果一个人小的时候学习好、又得到大家的拥护，长大了也一样能成功。然而，这正是孩子们认识上的误区。

对孩子们来说，人生的战争才刚刚开始，曾经取得的荣誉和犯过的错误，都已经属于过去。怎样赢得未来，赢得人生的主要战役，才是我们应该学习和思考的。

人类的进步史也是一场宏大的战争，在与瘟疫的斗争中，人类研究出青霉素和各种疫苗来巩固自己，把天花病毒"囚禁"在实验室。我们不仅要和疾病斗争，还面临着与贫穷、饥饿、愚昧等的挑战。人生的战争，就是这巨大的战场中的一小部分，赢得每一场小的战斗，都是人类文明的进步。

人生就像一场战争，而且是持久的战争。一个人从小到大，需要经历众多的考验和筛选，就像是要迎接一系列大大小小的战争一样，奔赴战场的有时候是一个团队、一群朋友，但更多的时候是单身一人。

人生这场战争没有硝烟，自己就是将军和士兵。从出谋划策到冲锋陷阵，都由一个人承担。战争的胜负，也由自己的战略战术、气势和实力决定。如果把人生当中的困难和失败比作大大小小的战役，那么其中就有两万五千里长征、火烧赤壁，有诺曼底登陆、滑铁卢，也有卧薪尝胆、破釜沉舟、弹尽粮绝、四面楚歌……

我们都希望自己能赢得人生中的每一场战争，但是决定战争成败的天时、地利、人和却不是每一个人都能遇到的。胜利和失败都是成长路上的必需品，也是成长过程中的必然。虽然成败未知，但是很多战役，我们都应该奋力迎接。为了减少自己的损失赢得成功，我们应积极筹备，正视自己的过去，学习赢得人生的智慧和方式。

在人生这场战争里，我们每个人都是自己的指挥官，这场战争的胜负不是把握在上帝或是敌人的手中，而是主动权就在你自己的手中。把人生看作一场战争，全身心地投入这场战斗，为荣誉而战，为尊严而战，为自己而战。

懂得忍，便有了赢的心态

中国人做人向来提倡"以忍为上""吃亏是福"，这是一种玄妙高深的处世哲学。常言道，识时务者为俊杰，并非专指那些纵横驰骋如入无人之境、冲锋陷阵无坚不摧的英雄，而应是那些看准时局，能屈能伸的处世者。

汉初张良原本是一个落魄贵族，后来作为刘邦的重要谋士，运筹帷幄之中，辅佐刘邦平定天下，因功被封为留侯，与萧何、韩信一起共为"汉初三杰"。

张良年少时因谋刺秦始皇未遂，被迫流落到下邳。一日，他到沂水桥上散步，遇一穿着短袍的老翁，近前故意把鞋扔到桥下，然后傲慢差使张良说："小子，下去给我捡鞋！"面对那人的侮辱，张良愕然，不禁心中有些不平，但碍于长者之故，不忍下手，只好违心地下去取鞋。老人又命其给穿上。饱经沧桑、心怀大志的张良，对此带有侮辱性的举动，居然强忍不满，膝跪于前，小心翼翼地帮老人穿好鞋。老人非但不谢，反而仰面长笑而去。张良呆视良久惊讶无语，不久老人又折返回来，赞叹说："孺子可教也！"遂约其5天后凌晨在此再次相会。张良迷惑不解，但反应仍然相当迅捷，跪地应诺。

5天后，鸡鸣之时，张良便急匆匆赶到桥上。不料老人已先到，并斥责他："为什么迟到，再过5天早点来。"第二次，张良半夜就去桥上等候。他的真诚和隐忍博得了老人的赞赏，这才送给他一本书，说："读此书则可为王者师，10年后天下大乱，你用此书兴邦立国；13年后再来见我。我是济北穀城山下的黄石公。"说罢扬长而去。

张良惊喜异常，天亮看书，乃《太公兵法》。从此，张良日夜诵读，刻苦钻研兵法，俯仰天下大事，终于成为一个深明韬略、文武兼备、足智多谋的"智囊"。

张良凭借着一个"忍"字，换来了英雄的东山再起，凭借着他大丈夫能屈能伸的毅力，淡漠一时的羞辱，而把国业放在第一重要的位置，终成大器。古往今来，"忍"字堪称众多有志之士的人生哲学。越王勾践也罢、韩信也罢，都曾忍受过常人难忍之辱，最终渡过了难关，成就了大业。清代金兰生《格言联璧·存养》中说："必能忍人不能忍之触忤，斯能为人不能为之事功。"

忍，是一种韧性的战斗，是一种永不败北的战斗策略，是战胜人生危难和险恶的有力武器。忍，是医治磨难的良方。忍一时之疑、一时之辱，一方面可脱离被动的局面，同时也是一种对意志、毅力的磨炼。

《菜根谭》中有一句话："处世让一步为高，退步即进步的根本；待人宽一分是福，利人是利己的根基。"忍住自己的私欲、怒火，实际上是帮助你自己成就大业。

现实生活中，很多人都会碰到不尽如人意的事情。残酷的现实需要你对人俯首听命，这样的时候，你一定要谨慎面对。要知道，敢于碰硬，不失为一种壮举。可是，当敌人足够强大时，你的强硬无异于以卵击石。一定要拿着鸡蛋去与石头斗狠，只能算作是无谓的牺牲。这样的时候，就需要用另一种方法来迎接生活。

古人说："小不忍则乱大谋。"坚韧的忍耐精神是一个人意志坚定的表现，更是一个人处世谋略的体现。尤其在生活中难得事事如意，丢失面子是常有的事，学会忍耐，婉转退却，才可以获得无穷的益处。

人际交往中，如果我们能舍弃某些蝇头微利，也将有助于塑造良好的自我形象，获得他人的好感，为自己赢得更多的利益和影响力。凡事有所失必有所得，若欲取之，必先予之。有识之士不妨谨记：百忍成金，遇事忍字当先必能给自己争得个意想不到的收获。

富贵能忍者发家，贫穷能忍者致富。父子能忍者慈孝，兄弟能忍者情长。师生能忍者智慧，少年能忍者进步。朋友能忍者义深，亲戚能忍者长乐。夫妻能忍者幸福。

人生有很多事，需要忍。人生有很多话，需要忍。人生有很多气，需要忍。人生有很多苦，需要忍。人生有很多欲，需要忍。人生有很多情，需要忍。

忍是一种眼光，忍是一种胸怀，忍是一种领悟，忍是一种人生的技巧，忍是一种规则的智慧。忍有时是怯懦的表现，有时则完全是刚强的外衣。忍有时是环境和机遇对人性的社会要求，有时则是心灵深处对人性魔邪的一种自律。

学会忍，是人生的一种基本谋生课程。懂得忍，游走人生方容易得心应手。当忍处，俯首躬耕，勤力劳作，无语自显品质。不当忍处，拍案而起，奔走呼号，刚烈激昂，自溢英豪之气。懂得忍，才会知道何为不忍。只知道不忍的人，就像手舞木棒的孩子，一直把自己挥舞得筋疲力尽，却不知道大多数的挥舞动作，只是在不断地浪费自己的体力而已。

所谓的天赋只不过是有了更多的积累

拔苗助长的故事，大家耳熟能详。庄稼的生长，是有其客观规律的，人无力强行改变这些规律，但是那个宋国人不懂得这个道理，急功近利，急于求成，一心只想让庄稼按自己的意愿快快长高，结果得不偿失，让自己所有的辛苦都付之东流。其实，万事万物都有其自身发展规律，我们做的所有事情也有客观的规矩或限制，做事必须循序渐进，而不能急于求成。老一辈人玩过的长龙游戏正好说明了这个道理：

长龙腹腔的空隙只能容纳几只半大不小的蝈蝈慢慢地爬行过去。若将几只蝈蝈投放进去，它们却都困死在长龙里，无一幸免！这是因为，蝈蝈性子太躁，除了挣扎，它们没想过用嘴巴去咬破长龙，也不知道一直向前可以从另一端爬出来。因此，尽管它有铁钳般的嘴和锯齿一般的大腿，也无济于事。再把几只同样大小的毛毛虫从龙头放进去，然后关上龙头，奇迹出现了：仅仅几分钟时间，毛毛虫们就一一地从龙尾默默地爬了出来。

同样的一条长龙，为什么毛毛虫能够通过，而蝈蝈却没有？那是因为蝈蝈太急躁了，它们不能慢慢穿过长龙，而是做无用的挣扎，结果付出了比毛毛虫更多的努力，却累死在里面。

很多人就如这蝈蝈一般，他们比别人要勤奋得多，努力得多，却总是希望"一口吃个胖子"，结果由于急于求成而丧失了成功的机会。

你越是急躁，越是在错误的思路中陷得更深，也越难摆脱痛苦。当你过于急躁而寻求突破的时候，往往就迷失了方向，跌跌撞撞，最后一事无成。不仅在生活中是这样，物理学上这样的现象也是普遍存在的。量变不积累到一定程度就不会有质的变化：

例如，水平桌面上放一个物体，水平拉力从小开始慢慢地增大，物体就会从静止变成滑动，从静摩擦力变成滑动摩擦力，经过最大静摩擦力的临界状态变成了滑动摩擦力。被斜面上绳拴着的小球，当斜面体发生加速度运动时，在一个方向上的加速度逐渐增大的过程中，物体对斜面的压力就会逐步减少，经过压力为零的临界状态，就会离开斜面。由此可以得出，要发生质的飞跃，就要经过一定量的积累。

我们要想成功地完成一件事情，就要做好充分的准备，进行量的积累。我们想取得好的成绩，就要靠平时认真的学习与积累，这就是一分耕耘一分收获。我们的人生经历也是从知之不多到知之较多，从知之较多到知之甚多的一个积累过程。既然事物的发展都是从量变开始的，为了推动事物的发展，我们做事情必须具有脚踏实地的精神。千里之行，始于足下；合抱之木，生于毫末；九层之台，起于垒土。要促成事物的质变，必须首先做好量变的积累工作。如果不愿做脚踏实地、埋头苦干的努力，而是急于求成、拔苗助长，或者急功近利、企求"侥幸"，是不可能取得成功的。

生活中有许多性格急躁的领导，做一件事情就恨不能马上做好。在公司里你时时可以听见有人怒气冲冲地咆哮："效率！效率！"你时时可以看到他们跟在下属的后面，恨不能用鞭子赶着下属做事。

本来现代社会，效率至上，每一个人都应该追求效率，但是过分追求效率，就变成了急躁、冒进。他们忽视了一件事情，要想成功，仅有热情与吃苦耐劳是不够的，还需要缜密的思索，全面地分析，制定切实可行的规划，然后才能一步一步实施下去，直至成功。否则的话，跟那个拔苗助长的农夫又有什么区别呢？

　　踏踏实实做事是最令人安心的，天上不会掉馅饼，急于求成，最终将一事无成。

所有的为时已晚，其实都是恰逢其时

第二章

遇到的所有遗憾，
其实都是对你的成全

任何值得去的地方都没有捷径

急于求成、急功近利是人的本性，做事情总是求快，就会追求了速度，却忘记了质量。浮躁的人就有这样的缺点，他们希望成功，也渴望成功，但在如何获得成功的心态上，却显得比常人更为急躁。

很多人虽然充满梦想，但他们不懂得如何为自己规划人生，不懂得梦想只有在脚踏实地的工作中才能得以实现。因此，面对纷繁复杂的社会，他们往往会产生浮躁的情绪。在浮躁情绪的影响下，他们常常抱怨自己的"文韬武略"无从施展，抱怨没有善于识才的伯乐。

一个忙碌了半生的人，这样诉说自己的苦闷："我这一两年一直心神不定，老想出去闯荡一番，总觉得在我们那个单位待着憋闷得慌。看着别人都已梦想成真，心里慌啊！以前也做过几笔买卖，都是赔多赚少；我去买彩票，一心想摸成个暴发户，可结果花几千元连个声响都没听着，就没有影了。后来又跳了几家单位，不是这个单位离家太远，就是那个单位专业不对口，再就是待遇不好，反正找个合适的工作太难啊！天天无头苍蝇一般，反正，我心里就是不踏实，闷得慌。"

生活中，就是常有这样的一些人，他们做事缺少恒心，见异思迁，急功近利，成天无所事事。面对急剧变化的社会，他们对前途毫无信心，心神不宁。浮躁是一种情绪，一种并不可取的生活态度。人浮躁了，会终日处在又忙又烦的应急状态中，脾气会暴躁，神经会紧绷，长久下来，会被生活的急流所挟裹。

　　有一个人得了很重的病，给他看病的医生对他说："你必须多吃人参，你的病才会好！"这个人听了医生的话，果然就去买了一只人参来吃，吃了一只就不吃了。

　　后来医生见到这个病人就问他："你的病好了吗？"病人说："你叫我吃人参，我吃了一只人参，就没有再吃了，可我的病怎么还没有好？"医生说："你吃了第一只人参，怎么不接着吃呢？难道吃一只人参就指望把病治好吗？"

　　故事中的病人不明白治病需要循序渐进、坚持治疗，而是寄希望于吃一只人参就能恢复健康。现实生活中，很多人也是因为不懂得坚持忍耐，只想着一蹴而就。这样的人，自然是无法触摸到成功的臂膀的。

　　许多浮躁的人都曾经有过梦想，却始终壮志未酬，最后只剩下遗憾和牢骚，他们把这归因于缺少机会。实际上，生活和工作中到处充满着机会：学校中的每一堂课都是一个机会；每次考试都是生命中的一个机会；报纸中的每一篇文章都是一个机会；每个客户都是一个机会；每次训诫都是一个机会；每笔生意都是一个机会。这些机会带来教养、带来勇敢，培养品德、交往朋友。

脚踏实地的耕耘者在平凡的工作中创造了机会，抓住了机会，实现了自己的梦想；而不愿俯视手中工作，嫌其琐碎平凡的人，在焦虑的等待机会中，度过了并不愉快的一生。

人生之路分阶段，到啥阶段唱啥歌

　　知名企业家李开复在自己的创业论坛中曾表示：成功很大程度是要顺应现实，要在正确的时候做正确的事情。李开复的这番感言可谓是对时下很多年轻人最实在的忠告。

　　近年来，网络上充斥着八零后的"普遍焦虑"：最年长的一批八零后感叹自己前途渺茫，悲哀自己竟成了"房奴""卡奴"等新一代被剥削阶层，自嘲是"最不幸的一代"。他们从消费者转变为生产者，由聚光灯下的绝对主角转变为荧幕前的观众——身处这个人生阶段，压力自然备感沉重。因而，八零后的不满是可以理解的，其言论也恰好印证了八零后的社会转型。

　　然而，他们不应忘记，每一代人的人生轨迹上，都是存在不同阶段的。如今的八零后，与他们的前辈乃至后辈一样，无论生于哪个时代，到了而立之年，都必须勇敢地扛起家庭与社会的重担，都必须走过这从懵懂到稳重、从依赖他人到自力更生的一段路。虽然世事变迁，眼下的具体矛盾与老一辈的时代已有很大不同，但面对人生的方法是不会改变的："阳光总在风雨后"，"不经历风雨，怎么见彩虹"——歌词如此浅白，却也恰恰是最为实在的真理。

有这样一则发人深省的小故事：

有一天，上帝心血来潮，漫步在自己创造的大地上。看着田野中的麦子长势喜人，他深感欣慰。这时，一位农夫来到上帝脚边，恳求道："全能的主啊！我活了大半辈子，从未间断过向您祈祷，年复一年，我从未停止过祈愿：我只希望风调雨顺，没有雨雪风雹，也没有干旱与蝗灾。可是无论我如何做祷告，却始终不能顺遂心意。您为何不理睬我的祈祷呢？"上帝温和地对答："不错，的确是我创造了世界，但也是创造了风雨、旱涝，创造了蝗虫、鸟雀。我创造了包括你在内的万事万物，这并不是一个能事事如你所愿的世界。"

农夫听罢一言不发。突然，他匍匐到上帝的脚边，带着哭腔祈求道："仁慈的主啊，我只祈求一年的时间，可以吗？只要一年：没有狂风暴雨，没有烈日干旱，没有虫灾威胁……"上帝低头看着这个可怜人，摇了摇头，说："好吧，明年，不管别人如何，一定如你所愿。"

第二年，这位农夫看着自家麦穗越长越多，欣慰地感念上帝宅心仁厚，深察民情。然而到了收获的季节，他却发现，这些麦穗竟全是干瘪的空壳。农夫噙着眼泪望着天空："主啊，仁慈的主，全能的主，这是怎么一回事，您是不是搞错了什么？您明明答应过我……"上帝的声音在他耳边响起："我的确答应过你，我也没有搞错什么。真正的原因是，不经历自然考验的麦子只会是孱弱无能的。风雨、烈日，都是必要的，甚至虫灾也是必要的；你只看到了风雨带给麦子的生长威胁，却没有看到它们唤醒了麦子内在灵魂的事实。"

上帝的话是意味深长的，因为人的灵魂亦如麦穗的内在灵魂，是需要感召的。诚然，不少人希望自己永远被保护在温室里，天天衣食无忧、有人打点一切，时时风调雨顺、称心如意，恰似农夫田地里的那些麦穗。可是现实不可能是这样，也不应该是这样：在人生每一个重要阶段，唯有品尝生活的考验，人的精神才能得到磨砺，人才能逐步成熟，否则人将只能是空空如也的躯壳。

人们常常把人生划分为少年、成年与老年：少年时代是艺术，天马行空，无拘无束，创作自己的梦想；成人之年是工程，步步为营，稳扎稳打，建筑自己的事业；垂暮之年是历史，心怀万物，气定神闲，翻阅自己的过往。可见，无论从哪个角度审视，人生都是有其发展轨道的，没有哪一个阶段可以回避，也没有哪一个阶段能够飞越。

所以，社会规律无法改变——正是在这一转型期当中，人们得以从少年发展成青年，从稚拙走向成熟：在此期间，人们的经验与人脉得到了有效积累，社会现实被更好地认识与把握，人们自身，也得到了更为充分的调整。

因此，无论是哪个年代的人，无论处于人生的哪个阶段，人所经历的一切都是生命中不可或缺的组成部分。对于它们，我们应当勇敢正视，我们应当积极体验，不能急功近利，而是应该到什么山唱什么歌，到什么阶段就要有什么追求：年轻的时候，要用自己那股单纯与执着的力量，努力学习、奋发进取、不断拼搏；到了成年，要以老练成熟的眼光看待一切，要着力开发自己潜在的发展空间、拓展自己的事业；到了老年，要懂得返璞归真，要注重个人修养，以一颗平和、安逸、祥和的心看待世间万物。

朋友们，不管你是转型期的八零后中的一员，还是才华横溢的少年、历练丰富的中年，请不要抱怨人生的低谷，也不要做一蹴而就的美梦，应换一种角度，静下心来，思考人生阶段的必要性，坦然接受当下的挑战，稳扎稳打，在正确的时间做正确的事。唯有这样，我们才能从容面对当下的得失与成败。

饭要一口口吃，事要一点点做

成就事业要能忍受孤独、潜心静气。稳重是成大器不可或缺的必要条件，而浮躁则是走向失败的陷阱。

在现实生活中，不少人学习投机钻营的"成功哲学"，不扎扎实实努力，而是急功近利，投机取巧，这种态度势必会使工作大打折扣，久而久之，也必定会影响事业的进一步发展，所谓"机关算尽太聪明"，到头来，终是"聪明反被聪明误"。

小威和孙博同时被一家汽车销售店聘为销售员，同为新人，两人的表现却大相径庭：小威每天都跟在销售前辈身后，留心记下别人的销售技巧，学习如何才能销售出更多的汽车，积极向顾客介绍各种车型，没有顾客的时候就坐在一边研究、默记不同车款的配置；而孙博则把心思放在了如何讨好领导上，掐算好时间，每当领导进门时，他都会装模作样地拿起刷子为车做清洁。

一年过去了，小威潜心业务、能力不断提升，终于得到了回报，不仅在新人中销售业绩遥遥领先，在整个公司的业务中也名列前茅，得到了老板的特别关注，并在年底顺利地被提升为销售顾问。而孙博却因为没有把公关特长用在工作上，出不了业绩，甚至好几个月业绩不达标濒临淘汰，部门领导也因此冷淡了他。孙博在公司的地位岌岌可危，不久便被迫离开了。

与其像孙博这样辛苦表演最后却换来竹篮打水一场空的结果，倒不如像小威那样，一开始就端正态度，沉住气，扎扎实实做事，这样在创造业绩的同时，自己的能力与价值也得到了提升，今后要想谋求大的发展也就相对容易多了。

庄子说："虚静恬淡，寂寞无为者，天地之平，而道德之至也。"持重守静乃是抑制轻率躁动的根本。浮躁太甚，会扰乱我们的心境，蒙蔽我们的理智，所谓"言轻则招扰，行轻则招辜，貌轻则招辱，好轻则招淫"，轻忽浮躁是为人之忌。要想成就一番功业，还是该戒骄戒躁，脚踏实地，扎扎实实地积累与突破，这样才能在人生路上走得稳，并且走得远。

低姿态的进取方式常常能够取得出奇制胜的效果！老子认为：轻率就会丧失根基，浮躁妄动就会丧失主宰。

做人切忌浮躁、虚荣、好高骛远；而应沉下心来，守住内心的宁静，淡泊名利，踏实求进。我们无论在工作还是生活当中，都应该静下心来深入钻研，"见人所不能见，思人所不能思"，其结果也必然能成人所不能成之功。

生活从来不会亏待熬得住的人

王国维在《人间词话》里说："古今之成大事业、大学问者，必经过三种境界：'昨夜西风凋碧树，独上高楼，望尽天涯路'，此第一境也；'衣带渐宽终不悔，为伊消得人憔悴'，此第二境也；'众里寻他千百度，蓦然回首，那人却在灯火阑珊处'，此第三境也。"第一境界"昨夜西风凋碧树，独上高楼，望尽天涯路"是说要有一颗甘于寂寞的心，甘于为事业献身；第二境界"衣带渐宽终不悔，为伊消得人憔悴"，在不断地追求中费心费力，倾注自己的心血；第三境界"众里寻他千百度，蓦然回首，那人却在灯火阑珊处"，在不断的追求和付出中最终能将努力的成果而成大业。

在现实的社会中，这种甘于寂寞的人越来越少，快节奏的生活让人变得浮躁，为了眼前的小利而蠢蠢欲动，一味地追求所谓的利益，没有一颗能够坚持梦想的心，最后什么利益也没有得到，只是害了自己。

刚刚大学毕业的小张是从农村出来的，开始走上工作岗位拿到的薪水还算不错。但是，他给自己施加的心理压力很大。他从小家境贫寒，父母终日在田地里辛苦耕作，用省吃俭用积攒下来的钱供他读书，因此他一直希望有朝一日能在城里买房接父母来住。虽然他生活已经很节约了，但是每月将房租、饭钱、交通费、通讯费等生活必需费用扣除之后，几乎所剩无几。而城里的房价飞涨，物价也在上涨，都使他心境难以平静。这就使他萌生跳槽的念头，于是他开始四处搜集招聘信息，希望能够跳到一家薪水更高的公司。

可以想象，他萌生这个念头的时候，就难以专心工作了。不久，他的上司就觉察出了他的问题，他做的方案漏洞百出、毫无新意，甚至出现很多错别字，可以明显看出是在敷衍了事，没有用心去做。于是，上司找他谈话，不料刚批评几句，小张不仅没有承认自己的问题，反而质问上司："你给我这么点薪水，还希望我能做出什么高水平的方案来！"上司这才意识到，小张的情绪源于薪水低。他并没有生气，反而平静地告诉小张："公司里的薪水并不是一成不变的，只要你做出了业绩，薪水自然会上去的。真正决定你薪水的不是公司、不是老板，而是你自己。"但是，小张根本听不进去，刚工作不到半年的他毅然决定辞职不干了。

辞职后，他开始专心找薪水高的工作，凭着他的聪明才智，很快又应聘到另外一家公司，这家公司的薪水比之前的公司高出了1000元。这让小张庆幸自己跳槽非常明智。刚工作3个月，小张偶尔从同事那里了解到，同行业里的另一家公司薪水比现在的公司还要高。这使小张本来平静的心又一次波动起来。他又开始关注这家公司的消息。本来他所在的公司打算委任他一项重要的项目，要出差到外地的分公司半年，虽然辛苦，但是能够为以后在公司的晋升奠定基础。

但是，小张一心想要跳到另一家公司，根本无心继续待下去，拒绝了这个在别人看来千载难逢的好机会。于是，小张在公司老板的眼里就留下了不思进取的印象。在金融危机袭来的时候，公司裁员，小张不幸被裁掉。当他再去找工作的时候，几乎所有的面试官都会问他同一个问题："为什么你在不到一年的时间就换了三份工作？"

对于一个刚走上社会的人，最忌讳的是沉不住气。看到眼前的利益，就往往失去了对于自己能力的评估，也忘了自己踏踏实实学习的初衷。金钱并不是衡量成功的唯一标准，人生永远不忙的一件事是去挣钱，如果你学到足够的能力，不会缺少这些机会。如果只是看仅有的小利，而放弃坚持和学习，是一件多么得不偿失的事情。工资有价，但是经验和能力无价，没有沉下心来的学习，是无法得到的，自视甚高的智力资本也在经验和能力前不值得一提。

现代社会中的每个人都在为自己的梦想而奋斗，这个过程是长期的且枯燥的，是需要一步一步的坚实付出的，没有所谓的捷径。在实现的梦想中，面临着很多诱惑，出现很多所谓的捷径，但是这些并不能让你去实现梦想，只能让你距离自己的梦想越来越远。真正实现梦想的过程是一个不断沉淀、不断积累，然后厚积薄发的过程。这个过程，容不下三心二意，容不下朝秦暮楚，只有敢于"独上高楼，望尽天涯路"甘于寂寞的心，沉浸在自己的梦想实现过程中，并为之有"衣带渐宽终不悔，为伊消得人憔悴"的努力，才能够收获"那人却在灯火阑珊处"的美景。

再漫长的道路，一步一步也能走完

古代有个叫养由基的人精于射箭，能百步穿杨。有一个人很羡慕养由基的射术，决心要拜养由基为师。经几次三番的请求，养由基终于同意了。

收他为徒后，养由基交给他一根绣花针，要他放在离眼睛几尺远的地方，集中注意力看针眼。看了两三天，这个学生有点疑惑，问养由基："我是来学射箭的，什么时候教我学射术呀？"养由基说："这就是在学射术，你继续看吧。"没几天的工夫，这个人便有些烦了。他心想，我是来学射术的，看针眼能看出什么来呢？他不会是敷衍我吧？

养由基教他练臂力的办法，让他一天到晚在掌上平端一块石头，伸直手臂。这样做很苦，那个徒弟又想不通了。他想，我只学他的射术，他让我端这石头做什么？于是他很不服气，不愿再练。养由基见此，就由他去了。

后来，这个人又跟别的老师学艺，最终也没有学到一门技术。

如果这个人多一点耐心和毅力，愿意从基础一点一点学起，他一定会有所收获的。俗话说："欲速则不达。"做人做事需忍耐，步步为营。凡是成大事者，都力戒"浮躁"二字。只有踏踏实实的行动才可开创成功的人生局面。

莎士比亚说过："不应当急于求成，应当去熟悉自己的研究对象，锲而不舍，时间会成全一切。凡事开始最难，然而更难的是何以善终。"我们与大千世界相比，或许微不足道，不为人知。但是我们能够耐心地增长自己的学识和能力，当我们成熟的那一刻，将会有惊人的成就。

把所追求的，变成所拥有的

要想实现梦想必须要有行动，而行动必须要有恒心。只有既有行动又有恒心的人，才能成就伟业，才能完成目标。

可以这么说，世界上如果有 100 个人的事业获得巨大的成功，那么，至少有 100 条走向成功的不同道路。然而，请想象这样一个人，死神在他事业的路上如影随形，他却矢志不移地走向了成功。他就是家喻户晓的诺贝尔奖金的奠基人——弗莱德·诺贝尔。

1864 年 9 月 3 日这天，寂静的斯德哥尔摩市郊，突然爆发出一声震耳欲聋的巨响，滚滚的浓烟雾时冲上天空，一股股火焰直往上蹿。当惊恐的人们赶到现场时，只见原来屹立在这里的一座工厂只剩下残垣断壁，火场旁边，站着一位 30 多岁的年轻人，突如其来的惨祸和过分的刺激，已使他面无人色，浑身不住地颤抖着。

这个大难不死的青年，就是后来闻名于世的弗莱德·诺贝尔。诺贝尔眼睁睁地看着自己所创建的硝化甘油炸药实验工厂化为了灰烬。人们从瓦砾中找出了五具尸体，四人是他的亲密助手，而另一个是他在大学读书的小弟弟。诺贝尔的母亲得知小儿子惨死的噩耗，悲痛欲绝；年迈的父亲因大受刺激而引起脑溢血，从此半身瘫痪。事情发生后，警察局立即封锁了爆炸现场，并严禁诺贝尔重建自己的工厂。人们像躲避瘟神一样地避开他，再也没有人愿意出租土地让他进行如此危险的实验。

但是，困境并没有使诺贝尔退缩，几天以后，人们发现在远离市区的马拉仑湖上，出现了一只巨大的平底驳船，驳船上并没有装什么货物，而是装满了各种设备，一个年轻人正全神贯注地进行实验。毋庸置疑，他就是在爆炸中死里逃生、被当地居民赶走了的诺贝尔！

无畏的勇气往往令死神也望而却步。在令人心惊胆战的实验里，诺贝尔依然持之以恒地行动，他从没放弃过自己的梦想。

他终于发明了雷管。雷管的发明是爆炸史上的一项重大突破，随着当时许多欧洲国家工业化进程的加快，开矿山、修铁路、凿隧道、挖运河等都需要炸药。于是，人们又开始亲近诺贝尔了。他把实验室从船上搬迁到斯德哥尔摩附近的温尔维特，正式建立了第一座硝化甘油工厂。接着，他又在德国的汉堡等地建立了炸药公司。一时间，诺贝尔的炸药成了抢手货，诺贝尔的财富与日俱增。

然而，诺贝尔的成功，好像总是与灾难相伴。不幸的消息接连不断地传来，在旧金山，运载炸药的火车因震荡发生爆炸，火车被炸得七零八落；德国一家著名工厂因搬运硝化甘油时发生碰撞而爆炸，整个工厂和附近的民房变成了一片废墟；在巴拿马，一艘满载着硝化甘油的轮船，在大西洋的航行途中，因颠簸引起爆炸，整个轮船葬身大海……

一连串骇人听闻的消息，再次使人们对诺贝尔望而生畏，甚至把他当成瘟神和灾星。随着消息的广泛传播，他被全世界的人所诅咒。

诺贝尔又一次被人们抛弃了，不，应该说是全世界的人都把应该承担的那份灾难给了他一个人。面对接踵而至的灾难和困境，诺贝尔没有一蹶不振。他身上所具有的毅力和恒心，使他对已选定的目标义无反顾，永不退缩。在奋斗的路上，他已经习惯了与死神朝夕相伴。

大无畏的勇气和矢志不渝的恒心最终激发了他心中的斗志，他最终征服了炸药，吓退了死神。诺贝尔赢得了巨大的成功，他一生共获专利发明权 355 项。他用自己的巨额财富创立的诺贝尔奖，被国际学术界视为一项崇高的荣誉。

诺贝尔成功的经历告诉我们：恒心是实现目标过程中不可缺少的条件，恒心与追求结合之后，便形成了无坚不摧的巨大力量。从诺贝尔的成功可以看出，干事业要经得起挫折，要有恒心和毅力，绝不能半途而废。做一件事坚持到底最重要，否则，就会在竞争中一事无成。社会竞争是持久力的竞争，有恒心和毅力的成功者往往成为笑到最后的人。

那些成功的人，都曾经历沉默的时光

每个人都会有一段蛰伏的经历，在为成功而默默奋斗。在这个时候，你需要的不是浮躁和怨天尤人，而是耐心地做好你现在

所有的为时已晚，其实都是恰逢其时

要做的事。

每个夏天，我们都能听到在高树繁叶之中蝉的清脆鸣叫。它们有透明的羽翼，在风中鸣叫得很惬意。其实，这些蝉一生中绝大部分岁月是在土中度过的，只是到生命的最后两三个月才破土而出。

人的生命历程其实也是这样，每一个希冀成功的人，也必须有长时间蛰伏地下的经历，好好磨炼自己，好好培养自己。

作为第一位登上国际权威财经杂志《福布斯》封面的中国大陆企业家马云曾有过一段鲜为人知的往事。他就读于杭州师范学院时，一心想创业。临近毕业，马云将被分到杭州电子工学院当英语老师。当老师显然与他的创业理想差距很大，他感到非常迷茫。这天，他在校门口闲逛散心，正好遇到了校长。校长很关心马云的发展，亲切地与他交谈起来。马云直言不讳地说："我希望自己能够去创业，而来当一名教师则心有不甘。"校长没有多说什么，只是要马云许下一个承诺：到了杭州电子工学院，5年不许出来。马云并不懂得校长这么做的真实意图，但出于尊重，他答应了。到学校教书后，一个月工资只有92块钱，马云一直勤勤恳恳地工作。后来，一个机会摆在了马云面前——深圳一家单位邀请他加盟，月薪1200。92与1200，何去何从？马云想到自己的承诺，咬咬牙，坚持了下来。第三年，海南一家公司开出月薪3600，而学校还是90多块钱，马云思忖再三，还是决定坚守承诺。就这样，他在学校里教了5年书，失去了很多眼前的利益，但却得到一样让他终身受用的东西：懂得了什么叫作浮躁，什么叫作沉住气。

马云的成长历程包含着一个简单的道理，作为一名尚未成功的蛰伏者，你必须沉住气，耐心地做好你现在要做的事，脚踏实地，终有一天，成功会降临到你头上。沉住气并不是让自己始终处于低势，而是一种积累，一种沉淀，等待时机，不断地为自己积蓄力量，蓄势待发，一飞冲天。

饭要一口一口地吃，任何人都不可能"一步到位"，只能一步一个脚印地走下去，才能取得成功。人生中的每一步对于实现成功目标来说都很重要，任何事情的发展都需要一个逐步提升的阶段性过程，任何宏伟目标的实现都需要一个逐步积累的过程。尽心尽力、踏踏实实地工作，就能实现梦想。

生活中，我们要学会蛰伏，在磨炼和努力中耐心等待成功的到来。

志在山顶的人，不会贪恋山腰的风景

人生的大部分时间都是在重复琐碎、单调和乏味的事，然而，往往这些乏味、无趣、寂寞的琐事，奠定了一个人成功的基础。所谓三百六十行，行行出状元，说的就是即便在平凡的岗位上，只要树立正确的心态，能够承受寂寞，努力肯干，就能够在这个领域脱颖而出。

其实寂寞是最难克服的，成功的途中你可能遇到挫折、孤独、他人的嘲笑，这些东西只要你有一颗坚定的心就能战胜。然而，寂寞是在追求成功过程中最可怕的对手。它悄无声息地潜伏在你的身边，随时都可能乘虚而入，企图击溃你。不过，换而言之，承受寂寞的同时也是在等待成功，不断克服寂寞的时候，也就更靠近成功。

在成功来临之前，人都要冷清度日，承受无尽的寂寞。但当你换个想法，将这份寂寞视为人生给予的礼物，小心地接受保存，总有一天能换取更丰盛的礼物。

曾经有一位美国著名的心理学家做了一个历时很久的跟踪性实验。实验开始时，他找到一群4岁大的孩子并每个人发了一颗好吃的糖果，同时告诉这些孩子，如果他们能够等20分钟再吃，就能吃两颗。面对糖果甜甜的气息，许多孩子都禁不住诱惑，马上吃掉手中的糖。但是，有几个孩子却为了能多吃一颗糖果，选择等待。为了打发漫长的20分钟，这些孩子想尽了一切办法，他们有的唱歌，有的跳舞，甚至有的睡觉，不过他们都很聪明地将自己的注意力从糖果身上转移，不去看也不去想。20分钟过去了，这些愿意等待的孩子，最终吃到了两颗糖果。

实验进行到这里并没有结束，工作人员将在4岁时就能等待吃两颗糖的孩子视作一组，将那些迫不及待吃糖的孩子视为另一组，跟踪记录。到了青少年时期，这两组儿童的对比变得更加明显。那些善于等待的孩子依旧善于等待，面对成功不急于求成。而那些拿到糖果就吃下去的孩子，却表现出了固执、优柔寡断和压抑等个性。

等孩子们上中学时，结合对孩子父母以及任课教师的调查结果，证明那些 4 岁就能忍受 20 分钟换取第二颗糖果的孩子多半成长为适应性较强，具有冒险精神，更受人喜欢，比较自信且独立的少年。相比之下，那些幼年时期经受不住糖果诱惑的孩子可能变得孤僻、易受挫、抗压性差。

随着时间的推移，研究人员发现那些能够为了多获得一颗糖果等待的孩子比缺乏耐心的更容易成功，学习成绩也相对好些，在后来的事业中表现得更出色。

在这个实验中，糖果相当于成功，面对成功的诱惑，善于等待、甘于寂寞的人往往离成功更近一步。过早地屈服于诱惑，不甘寂寞只会远离即将到手的成功。

当一个人对梦想有憧憬、对成功有渴望的时候，面对种种诱惑，有些人会难以忍受追求成功的寂寞，从而半途而废远离成功，但是，那些为了成功，为了达成目标忍受住寂寞、拒绝诱惑的人则会在成功的路上走得更远，获得更大的成就。人们都说忍得住寂寞，才守得住繁华。在成功人生获得的每一份掌声和鲜花背后，都有一颗对梦想执着，承受寂寞的心。

第二章

生命中的悲剧，往往只是喜剧的伏笔

恰恰是所受的委屈成就了你的格局

荣膺"世界十大知名美容女士""国际美容教母"称号的香港蒙妮坦集团董事长郑明明在谈起自己的成功时，说这要得益于父亲的"不倒翁理论"："我父亲很爱玩不倒翁，他说，奋斗的过程，会不断碰到一大堆困难，只要像不倒翁一样不断站起，理想就会实现。"也正是这样一种信念激励着她在悲观失望的时候，能够勇敢地站起来，重新开始。

1973年，郑明明经历了事业上的一次重大挫折。当时，她的"贵夫人"化妆品已经在印尼打开了市场。就在雅加达分支机构即将开张时，一场大火将存放化妆品的仓库毁于一旦，她因此耗光了老本还欠了银行一屁股的债。那时，郑明明觉得上天太不公平了！她不仅两手空空，脑海里也似乎空荡荡的了。她在床上躺了两天，不吃也不喝，只想抱怨。就在她极度悲观的时候，她想起了父亲的"不倒翁理论"。她思来想去，没有别的办法，也没有别的路可走，只有依靠自己的双手重新创造一切，把失去的一切再补回来。

事后整整一年，郑明明在香港的店里，带领大家埋头苦干，白天做生意，晚上教学生，谢绝一切应酬，一切从简，每天只限一个半小时处理私事，其余除了吃饭、睡觉全部花在工作上。在一次又一次克服困难之后，她理解了苦难的意义。一年以后，她终于还清了银行贷款，手上逐渐有了积蓄，脸上的阳光驱散了阴影。

每一条成功之路都会有挫折，没有谁能够真正地一帆风顺。挫折似乎是人生必备的大餐，经历过挫折后人才会成长。每个人的一生都会经历很多挫折，而对挫折的认知水平决定了人们未来的发展。我们可以这样说，"问题不在于发生了什么，而在于如何对待它"。生命是一次次的蜕变过程，唯有经历各种各样的折磨，才能拓展生命的宽度。通过一次又一次与各种折磨握手，历经反反复复的较量，人生的阅历就在这个过程中日积月累、不断丰富。

一个极度渴望成功的年轻人却在他短短的人生旅途中接二连三地受到打击和挫折，他处于崩溃的边缘，几乎就要绝望了。苦闷的他仍然心有不甘，在彷徨和迷茫中，去请教了一位智者。

见到智者后，他很恭敬地问："我一心想有所成就，可总是失败，遇到挫折。请问，到底怎样才能成功呢？"

智者笑笑，转身拿出一个东西递给年轻人，他吃惊地发现躺在自己手心的竟然是一颗花生。年轻人困惑地望着智者。

智者问道："你有没有觉得它有什么特别之处呢？"

年轻人仔细地观看了一番，仍然没有发现它和别的花生有什么差别。

"请你用力捏捏它。"智者见年轻人没有说话，接着说。年轻人伸出手用力一捏，花生壳被他捏碎了，只有红色的花生仁留在了手中。

"请你再搓搓它，看看会发生什么事。"智者又说，脸上带着微笑。

年轻人虽然不解，但还是照着他的话做了，就在他轻轻地一搓之中，花生红色的皮脱落了，只留下白白的果实。

年轻人看着手中的花生，不知智者是何意思。"再用手捏它。"智者又说。

年轻人用力一捏，他发觉他的手指根本无法将它捏碎。

"用手搓搓看。"智者说。

年轻人又照做了，当然，什么也没搓下来。

"虽屡遭挫折，却有一颗坚强、百折不挠的心，这就是成功的一大秘密啊！"智者说。

年轻人蓦然顿悟，遭遇几次挫折就要崩溃、绝望了，这样脆弱的心理又怎么能够成功呢？从智者那里出来，他又挺起了胸膛，心中充满了力量。

俗话说："山不转，路转；路不转，人转。"《易经》上也说："穷则变，变则通。"西方也有这样的记载："上帝关了这扇窗，必会为你开启另一道门。"的确，天无绝人之路，上天总会给有心人一个反败为胜的机会。

我们在做某一件事之前，应该对自己的行为以及能力进行切合实际的评估，预先设想可能会发生的种种状况以及应对的方法。这样的话，即使遭遇挫折也不会太过慌张。如果所遇到的困难是没有预想到的，也不要急躁行事或唉声叹气、怨天尤人，乐观地面对、积极地解决问题才是最重要的。只要你已经尽了最大努力去干一件事，即使最终失败了也没有关系。过程比结果更重要。但是无论如何，绝对不能失去重新开始一切的勇气。

一直往前走，才能把影子甩在身后

挫折是弱者的绊脚石，却是强者成功的起点。要想成功，就必须做生命的强者。

连遭厄运的人应当牢记：不论在生活中碰到怎样的厄运，都不意味着你命里注定永无出头之日。只要你顺势而为，运气时时都会光临。不间断地连遭厄运毕竟比较少见。生活中的机遇并非一成不变地向我们走来，它们像脉冲一样有起有伏，有得有失。每当人们坐在一起相互安慰时总是说黑暗过后必有黎明，这才是隐匿在生活中的真谛。一个生命的强者，会把各种挫折和厄运当作另一个起点。

生活记录一次又一次表明，只要一个人全力以赴奋斗不息，与背运的屠刀拼死相搏，时运终究会逆转，他终究会抵达安全境地。莎士比亚说："与其责难机遇，不如责难自己。"这就是人生的基本课程。我们只要仔细回顾一下生活中坏运变为好运的大量实例，就会发现挫折和厄运仅仅是强者成功的起点罢了。

在某个地方有一家很大的农户，其户主被称为附近最慈善的农夫。每年教会都会到他家访问，而每次他都毫不吝惜地捐献财物。

这个农夫经营着一块很大的农田。可是有一年，先是受到风暴的袭击，整个农田被破坏了。随后，又遇上一阵传染病，他饲养的牛、羊、马全部死光了。债主们蜂拥而至，把他所有的财产扣押了起来。最后，他只剩下一块小小的土地。

这位农夫的太太却对丈夫说："我们时常为教师建造学校，维持教堂，为穷人和老人捐献钱，今年拿不出钱来捐献，实在遗憾。"

夫妇俩觉得让教会空跑一趟，于心不安，便决定把最后剩下的那块地卖掉一半，捐献给教会。教会非常惊讶，在这样的状况下，还能收到他们的捐款。

有一天，农夫在剩下的半块土地上犁地，耕牛突然滑倒了，他手忙脚乱地扶起耕牛时，却在牛脚下挖出个宝物。他把宝物卖了之后，又可以和过去一样经营果园农田了。

第二年，教会再次来到这里，他们以为这个农夫还和以前一样贫穷，所以又找到这块地上来。附近的人告诉他们："他已经不住在这里了，前面那所高大的房子，就是他的家。"教会走进大房子，农夫向他们说明了自己在这一年所发生的事，并总结道：只要不惧怕困难，并保持感恩的心，必定会赢得一切的。

这位农夫的经历告诉我们，面对挫折，绝不能害怕、胆怯。去做那些你害怕的事情，害怕自然会消失。狼如果因为遭遇过挫折而胆怯害怕，这个种群就不可能继续生存下去。人生如行船，有顺风顺水的时候，自然也有逆风大浪的时候。这就要看掌舵的船夫是不是高明了。高明的船夫会巧妙地利用逆风，将逆风也作为行船的动力。

人生、事业的发展也一样。如果你能始终以一种积极的心态去对待你人生中可能遇到的"逆风大浪"，并对其加以合理的利用，将被动转化为主动，那么，你就是人生征途上高明的舵手。

人们往往把外界的折磨看作人生中纯粹消极的、应该完全否定的东西。当然，外界的折磨不同于主动冒险，冒险有一种挑战的快感，而我们忍受折磨总是迫不得已的。但是，人生中的折磨总是完全消极的吗？清代金兰生在《格言联璧》中写道："经一番挫折，长一番见识；容一番横逆，增一番气度。"由此可见，那些挫折和横逆的折磨对人生不但不是消极的，还是一种促进你成长的积极因素。

你还在遭受工作的折磨吗？

你还在遭受老板和上司的折磨吗？

你还在遭受失恋的折磨吗？

你还在遭受家人和师长的折磨吗？

你还在遭受病痛的折磨吗？

……

如果你现在还在遭受这样那样的折磨，你就该庆幸，因为命运给了你战胜自我、升华自我的机会。换一种眼光来看待这些折磨吧，感谢那些在工作和生活上折磨你的人，你就会获得幸福。唯有以这种态度面对人生，才能获得真正的成功。

顺风可以奔跑，逆风却能飞翔

世事无常，我们随时都会遇到挫折。当我们碰到厄运的时候，当我们面对失败的时候，当我们承受重大灾难的时候，你会怎样去面对呢？面对困难确实需要勇气，但这不能成为我们生命中不能承受之重，只要我们仍能充满希望，不要把自己禁锢在眼前的困苦中，眼光放远一点，这样，无论遭遇什么样坎坷不幸之事，都可以将挫折转化为自己的跳板。当你看得见成功的未来远景时，便能走出困境，达到你梦想的目标。

美国商人约翰逊就是凭借这个信念，创办了《黑人文摘》，他也因此进入了《财富》排行榜。

24 岁时，约翰逊以母亲的家具作为抵押，开办了一家小小的出版公司，创办了他的第一本杂志《黑人文摘》。

为了提高杂志的可读性，扩大发行量，他不断改进编辑方针，公开反对种族歧视，他还有一个非常大胆的想法：组织一系列以《假如我是黑人》为题的文章，请白人在写文章的时候站在黑人的角度，严肃地看待这个问题。拥有这个想法的时候，他想："如果请罗斯福总统的夫人埃莉诺来写一篇这样的文章，一定可以扩大影响。"

说干就干的约翰逊给罗斯福夫人写了一封请求信："埃莉诺夫人您好，恳请您为我的杂志写一篇文章，好吗？"

没过多久，罗斯福夫人就给约翰逊回信了："对不起，我太忙了，没有时间写。"

约翰逊见罗斯福夫人在回信上并没有说自己不愿意写，就决定再试一次，他想："这次一定会成功的。"于是，一个月后，约翰逊又给罗斯福夫人发去了一封信："夫人，真诚地恳请您为我的杂志写一篇文章。"可是夫人仍然回信说："对不起，我太忙了。"看到埃莉诺夫人回信的约翰逊并没有因此放弃，他心里始终有个信念："下一次一定会成功。"

此后，每过一个月，约翰逊就给罗斯福夫人写一封信。虽然言辞越来越恳切，但夫人还是回信说："我连一分钟的空闲也没有。"可是约翰逊依然坚持发信，他认为只要努力下去，总有一天夫人会有时间的。

机会终于来了，一天，约翰逊在报上看到了罗斯福夫人在芝加哥发表谈话的消息。于是，他决定再试一次。他首先打了一份电报给罗斯福夫人，说："请问您是否愿意趁在芝加哥的时候为《黑人文摘》写一篇文章？"

　　再次接到约翰逊的信，罗斯福夫人被约翰逊的毅力深深打动了，她对身边的人说："像约翰逊这样的人，一定会成功。"她马上按约翰逊的要求寄去了文章。结果，《黑人文摘》的发行量在一个月之内由5万份增加到15万份。这次事件成为约翰逊事业的重要转折点。由此，约翰逊的出版公司开始踏上了真正的征途，后来成了美国第二大黑人企业。

　　如果约翰逊第一次就放弃，那他就不会有以后的成功。同样的，当我们遇到困难的时候，如果没有"再试一次"的勇气，就会与机会擦肩而过。所以当你在成长的路上被挫折打倒，不要忘记约翰逊告诉我们的事实：成功从来就不会是一条坦途，面对每一次挫折与失败，我们都应该怀有"再试一次"的勇气与信心。因为再试一次，我们就可能听到成功的脚步声了！

　　失败与挫折也是对人的意志的严峻考验。不明智的人，在成功面前就会骄傲自满；清醒的人，在失败与挫折面前更能锻炼自己的意志。我们在逆境中的表现是我们成熟与否和气质优劣的最好检验。真理在燧石的敲打下闪闪发光，失败与挫折就是锤炼人意志的燧石。那些献身于人类伟大事业的创造者，在接连不断的挫伤和失败面前，不但没有被压倒，反而变得更加坚强，表现出了坚定不移、向着既定目标前进的英勇气概。

失败与挫折是生活中的一个组成部分，是有所进取、求变创新和参与竞争过程中的一个正常的组成部分。只要你进取，就必然会有失误；只要你还活着，就绝不是彻底失败！失败有什么可怕的呢？物竞天择，优胜劣汰，在这个天平上，失败总是倒向害怕失败的人。强者与弱者，如果是从实力上对照比较，那么弱者还有可能扬长避短，巧用心计，战胜强者；如果是从心理态度上区别较量，就是缺乏自信、害怕失败的弱者必然失败，有时甚至会被某种假象和错觉所吓倒。

成功者不一定具有超常的智能，也大都没有特殊的机遇和优越的条件，更不是没有经历过挫折、艰难与失败的人。相反，成功者大都是历经坎坷、命运多磨，是能在不幸的境遇中奋起前行的人。而且也不可否认，对成功者来说，处境的艰险、失败的打击和对于新事物没有经验，也会相应地给他们带来困扰、忧虑、苦恼和烦躁不安的情绪。但成功者不怕这些艰难，不会被困苦的处境压垮。成功者最可贵的信念和本事是变压力为动力，从荆棘中开辟新的成功之路。

生活中，暂时的落后一点都不可怕，自卑的心理才是可怕的。人生的不如意、挫折、失败对人是一种考验，是一种学习，是一种财富。我们要牢记"勤能补拙"，既能正确认识自己的不足，又能放下包袱，以最大的决心和最顽强的毅力克服这些不足，弥补这些缺陷。人的缺陷不是不能改变，而是看你愿不愿意改变。只要下定决心，讲究方法，就可以弥补自己的不足。

平凡人总是把挫折当成挫折，当作自己前进的绊脚石，而非凡的人把人生中的挫折都当成自己的跳板，借助跳板，跨越到更高的阶段。相信只要怀抱希望，那些暂时的绊脚石，我们终将能从上面跨过去，之后等待我们的将会是熠熠生辉的星光大道。

有梦，就别怕路远，想赢，就别怕冒险

在现代社会，写信或者与朋友告别时，人们总喜欢说"祝你一帆风顺""一路平安""一切顺利"等，从这些祝语中，我们可以看出大家都希望日子过得顺顺利利、平平安安的，没有谁喜欢挫折，渴望经历苦难。当然，万事如意是人们的美好愿望，但事实上，每个人的一生中，总免不了要经历这样或那样的挫折，只不过是轻重多寡各不相同罢了。

其实，遭遇挫折并不是坏事情。俗话说，火石不经摩擦，就不会迸发出火花，同样，人若不遭遇挫折，生命就难以洋溢灿烂的光辉。正如巍峨的大树，其挺拔的身姿是在与狂风暴雨搏斗后磨砺出来的；精良的斧头，其锋利的斧刃是在铁匠手中千锤百炼

打造出来的。一个长在温室未经风雨的人，往往缺乏勇气、意志和魄力。

"自古雄才多磨难，从来纨绔少伟男"，磨难只能吓住那些性格软弱的人。对于真正坚强的人来说，任何磨难都难以使他就范，相反，磨难越多、对手越强，他们的自我提升就越快，意志也越发的坚不可摧。

然而，现实中，在困境面前并不是人人都能逆流而上、勇往直前。许多人颇有才学，具备种种获得上司赏识的能力，却有个致命弱点——缺乏挑战的勇气，只愿做职场中谨小慎微的"安全专家"。他们害怕失败，好逸恶劳，对工作中不时出现的困难，不敢主动发起"进攻"，一躲再躲，恨不能避到天涯海角。他们认为：要想保住工作，就要做自己熟悉的，对于那些颇有难度的事情，还是躲远一些好，否则，就有可能被撞得头破血流。结果，他们终其一生只能从事一些平庸的工作。

一个长期在公司底层挣扎、时刻面临失业危险的中年人被老板叫到办公室。他回来后向同事抱怨："老板居然派我去海外营销部，像我这样一大把年纪的人，怎么能受这样的折腾呢？"他神情激动，抱怨老板给他的任务。

同事小杨回答道："为什么你会认为这是折腾，而不认为是公司锻炼你的一个机会呢？"

中年人回答道："你难道没看出来，老板就是整我。公司本部有那么多的职位，为什么不提升我，而让我这么一大把年纪的人去受那份罪呢？"

最后，他放弃了老板给他的机会，而小杨却主动向老板请缨，说自己愿意去海外营销部接受锻炼。

三年后，小杨回国，他已经完全能胜任自己的工作，受到了老板的倚重。

"职场勇士"与"职场懦夫"在上司心目中的地位有天壤之别，根本无法并驾齐驱、相提并论。一位上司描述自己心目中的理想员工时说："我们所急需的人才，是有奋斗进取精神，勇于向'高难度任务'挑战的员工。"

生命是自己的，想活得积极而有意义，就要耐得住考验，勇敢地接受各种挑战。面对困难不畏惧、不逃避，沉住气，淡然接受这种人生的历练，最终会得到更多……

富兰克林说："听凭环境的控制，屈从于命运的支配，只是禽兽草木而已。"王尔德说："我们不可受环境的支配，应该去支配环境；不可接受命运的局限，应该去创造命运。"可以说，时运、气数、环境、命运只拘得住凡夫俗子，却拘不住强者。生活不可能静如止水，我们随时都可能面对各种变故，或遭遇失败、挫折，或遭遇厄运、灾祸。当这些不如意之事意外来临时，我们要想改变逆境，首先要做的便是学会驾驭命运，只要沉得住气，坚持不懈，积极应对，我们最终必定能改变不利于自己发展的环境，成为驾驭环境的能手。

所有的坚强，都是苦难磨成的茧

厄运的最大弱点就是它不会长久，因此，当你正遭受厄运的打击时，一定要相信，幸福很快就会来临。一位名人说过："没有永久的幸福，也没有永久的不幸。"厄运虽然令人忧愁、令人不快，甚至打击一个人几年、十几年，但厄运也有它的"致命弱点"，那就是它不会持久存在。

宾夕法尼亚州匹兹堡有一个女人，她已经35岁了，过着平静、舒适的中产阶层的家庭生活。但是，她突然连遭四重厄运的打击。丈夫在一次事故中丧生，留下两个小孩。没过多久，一个女儿被烤面包的油脂烫伤了脸，医生告诉她孩子脸上的伤疤终生难消，母亲为此伤透了心。她在一家小商店找了份工作，可没过多久，这家商店就关门倒闭了。丈夫给她留下一份小额保险，但是她耽误了最后一次保费的续交期，因此保险公司拒绝支付保费。

碰到一连串不幸事件后，女人近乎绝望。她左思右想，为了自救，她决定再做一次努力，尽力拿到保险补偿。在此之前，她一直与保险公司的下级员工打交道。当她想面见经理时，一位多管闲事的接待员告诉她经理出去了。她站在办公室门口无所适从，就在这时，接待员离开了办公桌。机遇来了。她毫不犹豫地走进里面的办公室，看见经理独自一人在那里。经理很有礼貌地问候了她。她受到了鼓励，沉着镇静地讲述了索赔时碰到的难题。经理派人取来她的档案，经过再三思索，决定应当以德为先，给予赔偿，虽然从法律上讲公司没有承担赔偿的义务。工作人员按照经理的决定为她办了赔偿手续。

引发的好运并没有到此中止。经理尚未结婚，对这位年轻寡妇一见倾心。他给她打了电话，几星期后，他为寡妇推荐了一位医生，医生为她的女儿治好了病，脸上的伤疤被清除；经理通过在一家大百货公司工作的朋友给寡妇安排了一份工作，这份工作比以前那份工作好多了。不久，经理向她求婚。几个月后，他们结为夫妻，而且婚姻生活相当美满。

这个故事很好地阐释了"厄运"的寿命，厄运不会长久，幸福随时都会来临。任何时候，都不要因厄运而气馁，厄运不会时时伴随你，阴云之后的阳光很快就会来临。有些人在厄运袭来时，就觉得自己是天底下最倒霉的人。其实，事情并不完全是这样。也许你在某件事上是"倒霉"的，但你在其他方面可能依然很幸运。和那些更不幸者相比，你或许还是一个十分幸运的人。

做一个生命的强者，就要在任何时候都不放弃希望，最终会等到转机来临的那一天。

城市被围，情况危急。守城的将军派一名士兵去河对岸的另一座城市求援，假如救兵在明天中午赶不回来，这座城市就将沦陷。

整整两个时辰过去了，这名士兵才来到河边的渡口。

平时渡口这里会有几只木船摆渡，但是由于兵荒马乱，船夫全都避难去了。

本来他是可以游泳过去的，但是现在数九寒天，河水太冷，河面太宽，而敌人的追兵随时可能出现。

假如过不了河，不仅自己会当俘虏，整个城市也会落在敌人手里。万般无奈，他只得在河边静静地等待。

这是一生中最难熬的一夜，他觉得自己都快要冻死了。

他真是四面楚歌、走投无路了。自己不是冻死，就是饿死，要么就是落在敌人手里被杀死。

更糟的是，到了夜里，起了北风，后来又下起了鹅毛大雪。

他冻得瑟缩成一团，他甚至连抱怨自己命苦的力气都没有了。

此时，他的心里只有一个念头：活下来！

他暗暗祈求：上天啊，求你再让我活一分钟，求你让我再活一分钟！也许他的祈求真的感动了上天，当他气息奄奄的时候，他看到东方渐渐发亮。等天亮时他惊奇地发现，那条阻挡他前进的大河上面，已经结了一层冰壳。他往河面上试着走了几步，发现冰冻得非常结实，他完全可以从上面走过去。

他欣喜若狂，牵着马从上面轻松地走过了河面。

在厄运面前，若士兵没有坚持厄运终会过去的信念，后果将不堪设想：他手里攥着的是整个城市的性命。人生的起起伏伏是多么正常的事情，厄运不会陪伴每个人的一生，所以越困难的时候越要坚持，相信厄运在整个人生中不过是一场小小的考验，它终将过去，生活还是要以它原本的步子前进。况且苦难是孕育智慧的摇篮，它不仅能磨炼人的意志，而且能净化人的灵魂。如果没有那些坎坷和挫折，人绝不会有这么丰富的内心世界。苦难能摧垮弱者，同样也能塑造强者。

老天不会亏待用心生活的人

世间很多事情都是难以预料的，亲人的离去、生意的失败、失恋、失业等，打破了我们原本平静的生活，以后的路究竟应该怎么走？我们应当从哪里起步？这些灰暗的影子一直笼罩在我们的头上，让我们裹足不前。

生活没有我们想象的那么难，在这个世界上，为何有的人活得轻松，而有的人却活得沉重？因为前者拿得起，放得下；而后者拿得起，却放不下。很多人在受到伤害之后，一蹶不振，在伤痛的海洋里沉沦。只得到不失去的事情是不可能的，而在失去之后，对未来丧失信心和希望，就不会重新得到，生活也不会过得快乐。

被誉为"经营之神"的松下幸之助9岁起就去大阪做一个小伙计，父亲的过早去世使得15岁的他不得不担负起生活的重担，寄人篱下的生活使他过早地体验了做人的艰辛。

22岁那年，他晋升为一家电灯公司的检察员。就在这时，松下幸之助发现自己得了家族病，已经有9位家人在30岁前因为家族病离开了人世。他没了退路，反而对可能发生的事情有了充分的精神准备，这也使他形成了一套与疾病作斗争的办法：不断调整自己的心态，以平常之心面对疾病，调动机体自身的免疫力、抵抗力与病魔斗争，使自己保持旺盛的精力。这样的过程持续了一年，他的身体变得结实起来，内心越来越坚强，这种心态也影响了他的一生。

患病一年来的苦苦思索，改良插座的愿望受阻后，他决心辞去公司的工作，开始独立经营插座生意。创业之初，正逢第一次世界大战，物价飞涨，而松下幸之助手里的所有资金还不到100元……公司成立后，最初的产品是插座和灯头，却因销量不佳，使得工厂到了难以维持的地步，员工相继离去，松下幸之助的境况变得很糟糕。

但他把这一切都看成是创业的必然经历，他对自己说："再下点功夫，总会成功的！已有更接近成功的把握了。"他相信：坚持下去取得成功，就是对自己最好的报答。功夫不负有心人，生意逐渐有了转机，直到6年后拿出第一个像样的产品，也就是自行车前灯时，公司才慢慢走出了困境。

1929年经济危机席卷全球，日本也未能幸免，销量锐减，库存激增。而"二战"后日本的战败使得松下幸之助变得几乎一无所有，剩下的是到 1949 年时达 10 亿元的巨额债务。为抗议把公司定为财阀，松下幸之助不下 50 次去美军司令部进行交涉。

一次又一次的打击并没有击垮松下幸之助，如今松下已经成为享誉全世界的知名品牌，而这个品牌也是在不断的磨砺中逐渐成长起来的。

如果当初在得知自己患上家族病的那一刻，松下幸之助就将自己埋没在悲伤之中，那么，或许我们就不会看到今天松下这个品牌了。松下幸之助享年 94 岁高龄，这也向人们表明，一个人只有从心理上、道德上成长起来时，他才可以长寿。他之所以能够走出遗传病的阴影，安然渡过企业经营中的一个个惊涛骇浪，得益于他永葆一颗年轻的心，并能坦然应对生活中各种挫折的折磨。松下幸之助说过："你只要有一颗谦虚和开放的心，你就可以在任何时候从任何人身上学到很多东西。无论是逆境或顺境，坦然的处世态度，往往会使人更聪明。"

只有历经折磨的人，才能够更快、更好地成长。生活，永远只能在折磨中得到升华。自从人悲伤地被赶出了伊甸园，人的日子就不好过了。在人的一生当中，总会遇到下岗、失业、失恋、离婚、破产、疾病等厄运，即使你比较幸运，没有遭遇以上那些厄运，你也可能要面临升学压力、工作压力、生活压力等各种烦心事，这些事在人生的某一时期萦绕在你的周围，时时刻刻折磨着你的心灵，使你寝食难安。

生活中有各种各样我们想不到的事情，其实这些事情本身并不可怕，可怕的是我们无法从这些事情所造成的影响中抽身出来，尽早以最新、最好的状态去投入下面的事情，哪怕我们现在身无分文，我们可以从身无分文起步，一点一滴地打拼，磨砺到了，幸福也就到了。

怯于磨砺，生命将平庸无奇

磨炼、挫折、挣扎，这些都是人成长必经的过程，人生必须背负重担一步一步慢慢地走，稳稳地走，总有一天，你会发现自己是那个走得最远的人。人生的磨砺是我们成长过程中不能逃避的部分，它往往是我们人生中的一个跳板，要么上升，要么下坠，我们没有选择不跳的权力，正所谓，多灾多难，百炼成钢。

铁匠打了两把宝剑。刚刚出炉时，两把剑一模一样，又笨又钝。铁匠想把它们磨快一些。其中一把宝剑想，这些钢铁都来之不易，还是不磨为妙。它把这一想法告诉了铁匠，铁匠答应了它。铁匠去磨另一把剑，它没有拒绝。经过长时间的磨砺，一把寒光闪闪的宝剑磨成了。

铁匠把那两把剑挂在店铺里。不一会儿，就有顾客上门，他一眼就看上了磨好的那一把，因为它锋利、轻巧、合用。而钝的那一把，虽然钢铁多一些、重量大一些，但是无法把它当宝剑用，它充其量只是一块剑形的铁而已。

同样出自一个铁匠之手，用同样的工夫打造，两把宝剑的命运却有着天壤之别！锋利的那把又薄又轻，而另一把则又厚又重；前者是削铁如泥的利器，后者则只是一个不中用的摆设、一个包袱。

人不磨不成才，玉不琢不成器。成功的大道上注定充满坎坷，布满泥泞。没有哪一朵怒放的玫瑰不带着刺儿，想要追求卓越的生活，必然要经过一条布满荆棘的道路。即使天资再好，若经受不住雕琢之苦，也不能成为完美的艺术精品。

一位著名的雕刻师准备塑造一尊佛像供人供奉，经过精挑细选，他看上一块质感上乘的石头，开始雕刻。没想到才拿起锉刀敲几下，这块石头就痛不欲生，不断哀号："好痛，好痛，师傅，不要再刻了，还是让我躺着吧！"师傅只好停工，让其躺在地上，另外找了一块质感差一点的石头重新雕刻。这块石头任凭刀刻棒敲，一概咬紧牙根坚忍承受，默然不出一语。师傅渐入佳境，在精雕细琢下，果然雕成了极品，大家惊叹其为杰作，将佛像送到大雄宝殿，供善男信女日夜顶礼膜拜。从此，该庙宇香火鼎盛，远近驰名。而无法忍受雕刻之痛的那块石头被人废物利用，铺在通往庙宇的马路上。人车频繁经过，又要承受风吹雨打，实在痛苦不堪，石头内心愤愤不平，质问庙里那尊佛像，说道："你资质比我差，却享尽人间礼赞尊崇，我却每天遭受凌辱践踏、日晒雨淋，凭什么？"佛像只是微笑，说："你天资虽好，却耐不住雕琢之苦，怎能抱怨别人呢？"

人总想不费吹灰之力就能得到自己要想的东西，然而又想逃避努力，这是不可能的。惰性太重的人成就不了大事。冰心曾经说过："成功的花儿，人们只惊羡它现时的美丽。当初它的芽儿却浸透了奋斗的泪水，洒遍了牺牲的细雨。"如果把生命比作一把披荆斩棘的"刀"，那么挫折就是一块不可或缺的"磨刀石"，为了使生命这把"刀"更加锋利，就必须勇敢地接受挫折的磨砺。梅花香自苦寒来，经受过痛苦的人才能尝到幸福的喜悦。

成长的过程要经历千锤百炼，虽有疾风骤雨，山重水复，也总有峰回路转，柳暗花明。当成功地经历了一次风雨的洗礼，总会有一种突破重围、冲破眼前迷雾的瞬间清澈之感，眼前顿时呈现明媚春色，草长叶动，鸟啼花笑，无限生机都尽现心头眼底。

生活的逆境其实没什么了不起，有波谷必然会有波峰，有阴霾必然会有天晴，有大风大浪必然会有风浪消逝后的平静，有暴雨倾盆也必然会有雨后绚烂的彩虹……生活其实一直兜兜转转地跟我们开着一个又一个玩笑，然而所有好的坏的都会有尽头。人不怕痛苦只怕丢掉刚强，人不怕磨难只怕失去希望。坦然面对人生的一切挑战，才能一路感受温暖的阳光。

怯于磨砺，生命将永远平庸而无奇。污泥中常盛放最美丽、最纯净的花，人只有经过命运的雕琢与磨砺才能够发射出耀眼的光芒。在人生的岔道口，若你选择了一条平坦的大道，你可能会有一个舒适而享乐的青春，但你就失去了一个很好的历练机会；若你选择了坎坷的小路，你的青春也许会充满痛苦，但人生的真谛也许就此被你打开。

第四章

只要你愿意，
没有什么来不及

只要你敢想，一切皆有可能

一个人若要取得成功，关键还在于你想不想成功，心想才能事成。有时候，欲望的作用是无价的。成功的人都拥有相同的特质，他们都拥有强烈的成功欲望，如果说梦想是迈向成功的方向，那么欲望就是迈向成功的燃料。欲望越强，产生的动能越强，越能克服困难，获得成功。

生活中很多人也有成功的愿望，但愿望和欲望不一样。愿望只是静态的，"我希望成功，希望富有，希望很有成就……"；而欲望则是动态的，"我要获得成功，要创造财富，要获得成就……"。拥有欲望不仅有愿望，还要付诸行动，真正去追求渴望获得的一切。因此，如果你想要成功，就必须要有成功的欲望。

原籍中国广东的泰国华侨、亚洲最大的富翁之一、泰国的头号大亨、泰国盘谷银行的董事长陈弼臣，其父亲只是泰国曼谷某商业机构的一名普通秘书。陈弼臣儿时被父亲送回中国接受教育。17岁那一年因家境贫困被迫辍学。返回曼谷后，陈弼臣做过搬运夫、售货小贩以及厨师，同时还做过两家木材公司的账目，日子就在他精打细算地盘算中度过。四年之后，陈弼臣终于从一家建筑公司职位低微的秘书，晋升为部门经理。后来，在几位朋友的赞助下，他集资创办了一家五金木材行，自任经理。经过苦苦的奋斗，攒了一些钱后，陈弼臣又接连开了三家公司，致力于木材、五金、药物、罐头食品以及大米的外销业务。当时，泰国被日本占领，陈弼臣的生意可想而知。但是，陈弼臣一边抗日，一边做生意，业务在他的努力下却渐渐兴隆。

1944年底，陈弼臣与其他10个泰国商人集资20万美元创立了盘谷银行，职员仅仅23人。银行正式营业后，陈弼臣经常与那些受尽了列强凌辱、被外国大银行拒之于门外的华裔小商人来往。尽管那些贫穷的小商人时常突如其来地闯进陈弼臣的家中，但仍然受到陈弼臣的礼遇。

关于这一点，陈弼臣后来说："在亚洲开银行是做生意，不是只做金融业务。当我判断一笔生意是否可做时，只观察这个顾客本人，他的过去和他的家庭状况。"

陈弼臣最初负责银行的出口贸易，因此与亚洲各地的华人商业团体建立了广泛的联系，并且积累了丰富的业务知识和经验，大大推进了盘谷银行的出口业务。在他出任盘谷银行的总裁后，一直是这家银行的中流砥柱。

经过多年的艰苦奋斗，陈弼臣已跨进亚洲的大富翁之列。

陈弼臣的成功史，是一部白手起家的创业史。他没有继承祖业，也没有飞来的横财，他经过苦苦地寻觅，一直不甘落后，渴望成功，终于找到了属于自己的那一片蓝天，自己的那一方土地，找到了自己的发展机遇。这一切都是他不听任命运摆布的结果。

一个人能否成功，关键还在于是否想成功和成功的欲望有多大。在人生的道路上，充满了各种困难和障碍，若你没有强烈的欲望，你就不可能战胜困难，越过障碍，只能陷于平庸。

成功学界流行一个著名的观点，成功来源于你是想要，还是一定要。如果仅仅是想要，可能我们什么都得不到；如果是一定要，那就一定有方法可以得到。成功来源于我一定要。不断强化成功欲望强度，让自己像一把利箭在张满弓的弦上发射出去，满怀冲劲，锐不可当。

强烈的欲望的确能够转化人们心中的愿望，就是要一而再、再而三地要求自己行动，前进再前进，绝不丝毫松懈。想象梦想成功的滋味，或是吸取失败的教训，都能强化追求成功的欲望强度。成功的人所以奋斗不懈，都是因为有强烈的欲望在背后支持着。当别人停止时，他还在前进；当别人前进时，他正大步奔跑。最终的结果就是，不断激发成功的欲望，让自己拥有持续前进的动能，"忍人所不能为"，克服一切困难，必定达到成功的目的。

你会成为谁，在于你认为自己是谁

梦想是对美好未来的向往与追求，它是我们通往成功的指南针。没有追求的人，他的生活是可悲的；没有梦想的人，他的世界是灰暗的。

梦想对一个人是很重要的，一个没有梦想的人，就像茫茫大海中漂泊的一艘小船，没有任何方向和依靠；就像在浩瀚森林中迷失了方向，找不到出路。只有梦想可以使我们有希望，只有梦想可以使我们保持充沛的想象力和创造力。

拥有梦想才更容易成功，你的梦想很可能决定了你的人生。美国一位哲人曾这样说过："很难说世上有什么做不了的事，因为昨天的梦想可以是今天的希望，还可以是明天的现实。"

有个叫布罗迪的英国教师，在整理阁楼上的旧物时，发现了一叠作文簿，它们是皮特金中学 B（2）班 31 位孩子的春季作文，题目叫《未来我是……》。他本以为这些东西在德军空袭伦敦时被炸飞了，没想到它们竟安然地躺在自己家里，并且一躺就是 25 年。

布罗迪顺便翻了几本，很快被孩子们千奇百怪的自我设计迷住了。比如，有个叫彼得的学生说，未来的他是海军大臣，因为有一次他在海中游泳，喝了 3 升海水，都没被淹死；还有一个学生说，自己将来必定是法国的总统，因为他能背出 25 个法国城市的名字，而同班的其他同学最多的只能背出 7 个；最让人称奇的，是一个叫戴维的盲学生，他认为，将来他必定是英国的一个内阁大臣，因为在英国还没有一个盲人进入过内阁。总之，31 个孩子都在作文中描绘了自己的未来，有当驯狗师的，有当领航员的，有做王妃的……五花八门，应有尽有。

布罗迪读着这些作文，突然有一种冲动——何不把这些本子重新发到同学们手中，让他们看看现在的自己是否实现了 25 年前的梦想。当地一家报纸得知他这一想法，为他发了一则启事。没几天，书信从四面八方向布罗迪飞来。他们中间有商人、学者及政府官员，更多的是没有身份的普通人，他们都表示，很想知道儿时的梦想，并且很想得到那本作文簿。布罗迪按地址一一给他们寄去。

一年后，布罗迪身边仅剩下一个作文簿没人索要。他想，这个叫戴维的人也许死了。毕竟 25 年了，25 年间是什么事都可能发生的。

就在布罗迪准备把这个本子送给一家私人收藏馆时，他收到内阁教育大臣布伦克特的一封信。信中说："那个叫戴维的就是我，感谢您还为我们保存着儿时的梦想。不过我已经不需要那个本子了，因为从那时起，我的梦想就一直在我的脑子里，我没有一天放弃过；25 年过去了，可以说我已经实现了那个梦想。今天，我还想通过这封信告诉其他的 30 位同学，只要不让年幼时的梦想随岁月飘逝，成功总有一天会出现在你的面前。"

布伦克特的这封信后来被发表在《太阳报》上，因为他作为英国第一位盲人大臣，用自己的行动证明了一个真理：假如谁能把 15 岁时想当总统的愿望保持 25 年，那么他现在可能已经是总统了。

梦想能激发人的潜能。心有多大，舞台就有多大。人是有潜力的，当我们抱着必胜的信心去迎接挑战时，我们就会挖掘出连自己都想象不到的潜能。如果没有梦想，潜能就会被埋没，即使有再多的机遇等着我们，也可能错失良机。这个世界上或许从来就不缺少有梦想的人，而是缺少能付出努力去实现梦想的人。昨天是经验，今天是坚持，明天是希望，后天是成功，遗憾的是，绝大多数的梦想消失于昨天，再也没有机会等到实现的那一天。

所以，儿时的梦想总是千姿百态又千变万化的，有了梦想，你还要坚持下去，如果半途而废，那你和没有梦想的人也就没有区别了。如果你能够不遗余力地坚持，就没有什么可以阻止你实现梦想。梦想是前进的指南针。因为心中有梦想，我们才会执着于脚下的路，不会因为形形色色的诱惑而迷失方向，更不会被前方的险阻吓退。

梦想，是生命的原动力，是实现自我的源泉。保留这心底里的一份最初的愿望，当自己到了而立之年的时候，翻开来看看，是否兑现了最初的承诺。如果兑现了承诺，再追求新的梦想；如果没有，继续努力去实现。

你被梦想牵着，还是被生活推着

　　一个人能取得多大的成功，不是取决于一个人才能的高低，而是取决于他有多高层次的需要。在同样的一个社会，一些人成就大业，一些人取得小成功，一些人一蹶不振。不少人为了一个远大的目标，能经受长年累月的奋斗考验，做长期的努力，也有不少人虽向往成功，却经受不起几次挫折便向困难投降。

　　你的需要是什么？产生的内在动力是强还是弱？一匹小马达，也许可以带动一辆小拖车，但绝对带动不了一列火车。你想成就大业就要了解带动火车飞速前进的动力机车与一般小马达的区别。确切地说，必须了解你内心世界能推动你前进的动力是什么，有多大。

　　一般情况下，人们必须先生存后发展，所以人的低层次的生理需要、安全需要比高层次的爱的需要、尊重的需要更加强烈。自我实现的需要，一般要在前面四个层次的需要得到基本满足之后才会产生。有些人由于长期没有得到低层次需要的满足，可能会永久地失去对高层次需要的追求。

　　然而，从成功的大小来说，高层次的需要推动大成功，低层次的需要推动小成功。

　　有一位名叫麦克法兰的世界级运动员，两岁半便双目失明，但他硬是在母亲的鼓励和父亲的帮助下，以自己身体各个部分的

"肌肉记忆"感知世界，不仅具有顽强的生存本领，而且在摔跤、滑冰、游泳、掷铁饼、掷标枪等体育项目中获得了全国和国际比赛的 103 枚金牌，改变了盲人只能靠拐杖或导盲犬生活的命运，创造了许多健全者也难以做到的奇迹……

在心中播下希望的种子，这样你就能够在艰苦的岁月抱有一份希望，不至被各种困难吓倒，最终走出困境，达到理想的目标。在不断前进的人生中，凡是看得见未来的人，也一定能掌握现在，因为明天的方向他已经规划好了，知道自己的人生将走向何方。留住心中的"希望种子"，相信自己会有一个无可限量的未来，心存希望，任何艰难都不会成为我们的阻碍。只要怀抱希望，生命自然会充满激情与活力。

另一位著名人物的经历也很感人。

1921 年 8 月，一位 39 岁的美国人突然患了小儿麻痹症，双腿僵直，肌肉萎缩，臀部以下全麻痹了。而这个沉重的打击发生在他作为民主党的副总统候选人参加竞选而败北以后，他的亲属、挚友都陷入极度失望之中，医生也预言他能保住性命就是万幸。但他不屈服于命运的坚强意志，使他无论如何也不相信这种病能整倒一个堂堂男子汉。为了活动四肢，他经常练习爬行；为了激励意志，他把家里的人都叫来看他与刚学会走路的儿子进行比赛，一次次都爬得气喘吁吁，汗如雨下……目睹那催人泪下的场面时谁也没想到：十余年以后，他奇迹般地当选为美国第 37 届总统，坐着轮椅进入白宫。他，就是美国历史上唯一一位连任四届的总统罗斯福。

欲望的力量是惊人的，只要你能用强大的欲望之力去推动成功的车轮，你就可以平步青云，攀上成功之岭，改变生活的现状。

像罗斯福这样的例子还有很多很多。如果把世界上类似的奇迹都倒推回它们刚刚开始出现的那种状态，我们就会惊奇地发现：一切都是从似乎"不可能"开始的。穿过开始和结局之间那个充满了拼搏奋斗、挫折失败和一个个小成功的漫长过程，我们所发现的这句凡人格言总是会得到证明：欲望可以改变一切。

在你的头脑中也有自我实现的钥匙，在你的身边埋藏着无数愿望。把它们发掘出来加以培养，转化成强烈的欲望，这是打开成功之门的另一把钥匙。

人生确有许多不完美之处，每个人都会有或这或那的缺陷。其实，没有缺憾我们便无法去衡量完美。仔细想想，缺憾其实也是一种完美。人生就是充满缺陷的旅程，正因为此，人类永远不满足自己的思维、自己的生存环境、自己的生活水准。没有缺陷就意味着圆满，绝对的圆满便意味着没有希望。没有追求，便意味着停滞。人生圆满，人生便停止了追求的脚步。

悲哀于命运的人往往是那些最喜欢流泪、放弃的人，泪水无益于把握命运。及时擦干泪水，相信未来，摆脱现实的枷锁，大胆追梦，辉煌终将属于自己。

梦想是所有行动的根茎，很多人之所以失败，就在于他们从来都不肯种下一颗梦想的种子，不肯将行为的规划移植到自己的梦里。

想要成功，就先"想"成功

让我们先来做两个小实验：首先，选择一个你认为舒适的坐姿，闭上眼睛，告诉自己不要去想任何事情，尽量保持不动的静坐三分钟。现在睁开眼睛，刚才真的做到了像自己希望的那样什么都不想吗？虽然在闭上眼睛之前选择了自己认为很舒适的姿势，还是会觉得很不舒服，腿没有放好？后背有点痒？想要咳嗽？甚至脑海中出现了很多在睁开眼后捕捉不住的画面？一定有一个是被我说中了的。好了，现在我们再来做第二次，在闭上眼睛之前想想自己希望实现的事，哪怕一个很小的愿望。三分钟后想想刚才还有没有注意到第一个小实验里来自身体本身的那些不适感觉吗？你的全部思维是否都围绕着那个小愿望展开呢？这个实验并不神奇。为什么同样是静坐，而我们的意识却完全不同呢？是我们的意念主导了我们的思维。

这两个小实验告诉我们，我们想什么，意念就会围绕着我们的想法转。而如果我们拥有强大的意念，就会在意念的驱使下行动起来。如果我们想要成功，成功的想法越强烈，就越有可能成功。

或许下面这个小故事能更形象地解释意念主导性的作用。

从前，有一群蚂蚁组织了一场搬运比赛。比赛的过程中，蚂蚁们要背负一块很重的小石子从马路的这端走到对面。这段距离对蚂蚁而言，是一段很远很远的路程，何况还要一直背负重物。

一大群蚂蚁围着参赛者，给它们加油。比赛开始了，蚁群中没有一只蚂蚁会相信那只最弱最小的蚂蚁会到达终点。老实说，即使是围观者都没有毅力走完那条长长的路，实在是太远太累了。大家都在议论："这太难了！它们肯定背不动那么重的石子。""它们绝不可能成功的，路太远了！"参赛的蚂蚁一边前进一边听着大家的议论，慢慢地，一只接一只的蚂蚁开始泄气，除了那些身强力壮的几只还在继续爬。随着比赛的进行，议论的声音也越来越多，甚至有些围观者都坐在了原地不愿继续向前。越来越多的蚂蚁累坏了，退出了比赛。但那只最弱最小的蚂蚁还在背着石子一步一步地走着，丝毫没有要放弃的意思。最后，其他所有的蚂蚁都退出了比赛，只有那只最弱最小的蚂蚁，它费了很大的力气，流了很多的汗水，终于成了唯一一只到达马路对岸的蚂蚁，它是唯一的胜利者！

比赛结束了，所有的蚂蚁都想知道它是怎样成功的。有一只年长的蚂蚁跑上前去问那只胜利的小蚂蚁，哪来那么大的力气走完了全程？惊奇地发现，原来这只最弱小的蚂蚁是个聋子。整个比赛的过程，它听不到其他蚂蚁的议论和泄气声，没有被其他的声音影响它的行动力，它的心中只有一个念头，就是要背着石子一步步向前，直到终点。它不断地提醒自己目标是什么，结果它做到了！只有它成功地完成了比赛。

　　毫无疑问，我们每个人都向往成功，却不知道该从何做起。在我们的内心，是否有和这只小蚂蚁一样的时候，不断地提醒自己目标是什么？当你说"我想下次的考试能提高二十分"，"我想一个月减掉十斤的体重"，"我想明天提早半小时起床"……当你说这些话的时候，其实你心里并不相信，因为你已经无数次这么想了，可没有一次成为现实。你气馁了，你放弃了，你越来越不相信你能做到自己希望中的样子。换种思维方式，再来看同样的事，想要提高成绩、减轻体重、提早起床，你已经清楚地知道了自己想要的是什么，这很好！之所以没有实现，是因为所有的想法只是间歇地进入你的脑子，你的失败经历告诉你这次还是做不到。怎么样才能成功地实现期待呢？接下来要做的是，不要让这种"想要"的状态间断，要不断地提醒自己目标是什么，抛开所有阻挠它实现的因素，始终连接着那个源头，最后你会发现，所有的"我想"，都变成了"我要""我一定"，然后，希望中的事情会一件接一件地成为现实。

　　这就像放风筝，风筝能飞多远，关键在于手中的线。如果线断了，再好的风筝也飞不起来。我们想要成功的心，就是这根引线，不要让线在风筝刚放飞时就断掉，始终连接着"想要成功"这一心愿发起时的状态，不断地"想"成功，做到这一点，你即将成为见证自己成功的人！

别人越给你泼冷水，越要让自己热气腾腾

有人说：梦想其实就像一堆煤山，热忱就是火种，用热情去拥抱梦想，就会使勤奋者所有的努力发挥更大效用，释放出巨大的能量。热情是一种难能可贵的品质。正如成功学大师拿破仑·希尔所说："要想获得这个世界上的最大奖赏，你必须拥有过去最伟大的开拓者所拥有的，将梦想全部转化为价值的献身热情，以此来发展和销售自己的才能。"

热忱不仅是一种非常珍贵的工作品质，还是我们生活快乐幸福的源泉。

拥有热忱的人热爱生活，对生活充满激情，他们把爱倾注在生命中，灵魂的高度就逾越了一切障碍，只要肯于勤奋开拓，什么样的高度都会被踩在脚下！

无论发生任何事情，对于使自己痛苦的问题，不要过多地思考，不要让它再占据你的心灵，而要尽力想着最快乐的事情。要努力以快乐的情绪去感染你周围的人。这样做以后，思想上黑暗的影子，将离你远去，而快乐的阳光将照耀你一生。

迪斯尼，米老鼠的创造者，便是一个用热忱铸就成功的人。

年轻时的迪斯尼就梦想着制造一个动画王国。他以极大的热情投入到工作当中去。为了了解动物的习性，他每周都亲自到动物园研究动物的动作及叫声。他所制作的动画片中，很多动物的

叫声，都是他亲自配的音，包括那位可爱的米老鼠。

他曾想将儿童时期母亲所念过的童话故事，改编成彩色电影，那就是《三只小猪与野狼》的故事。

但是他的助手们都摇头不赞成，结果只好取消。但是迪斯尼却一直无法忘怀，屡次提出这一构想，都一再地被否决掉。终于，因为他坚持不懈地劝说和其中展现出的无比热情感动了大家，大家才答应一试，但是对此并不抱任何希望。然而，所有的工作人员都没有料到，该片竟受到美国人民的热烈欢迎。

《三只小猪》获得了空前的成功。从乔治亚州的棉花田到俄勒冈州的苹果园，它的主题曲《大野狼呀，谁怕他，谁怕他》风靡全美国。

正是因为热情，迪斯尼在一次次的反对之后仍不放弃，用坚持不懈的精神感染了别人，为自己建造了一个动画乐园。对于我们来说，工作是上天赋予的使命，把自己喜欢的并且乐在其中的事情当成使命来做，就能发掘出自己特有的能力。其中最重要的是能保持一种积极的心态，即使是辛苦枯燥的工作，也能从中感受到价值，在你完成使命的同时，会发现成功之芽正在萌发。

热忱会把我们全身的每一个细胞都激活起来，完成心中渴望的事情。热忱是一种强劲的情绪，一种对人、对事物和信仰的强烈情感。热忱甚至可以改变历史，多少伟大的爱情故事，多少历史的巨大变革，莫不与热情息息相关。

如果我们能以满腔的热忱去做最平凡的工作，也能成为最精巧的艺术家；如果以冷淡的态度去做最不平凡的工作，也绝不可能成为艺术家。

热忱是发自内心的兴奋，并扩充到整个身体，从一定程度上来说，热忱控制着你的思维和情感。在希腊语中，热忱是由"内"和"神"组成的，所以"热忱"就是内心深处的神。在卡耐基办公室的墙上有一句话：没有了热忱，就会伤及灵魂。无独有偶，麦克阿瑟将军在南太平洋指挥盟军作战时，这句话同样出现在他办公室的墙上。

一旦缺乏热忱，军队将无法克敌制胜，艺术品将失去核心和灵魂，震撼人心的音乐也不会出现，也不可能有无私的奉献精神来拯救和美化这个世界。热忱是唤起人内心深处神奇力量的魔笛，让人散发出一种炽热、神性的光辉，那就是吸引人和感染人的魅力。

热忱的人具有强大的人格魅力，因为他会很自然地把他内心的感情表现出来。一个充满热忱的人，他的志向、兴趣、为人和性情都能从他的走姿、眼神和活力中看出来。与此同时，热忱会让人觉得和你在一起很快乐。而缺乏热忱的人，谈话生硬而没有趣味，做起事来拖沓而没有规划，让人看不到希望。热忱可以鼓舞人心，这鼓舞类似于"热传递"，直接把你的热忱输送给别人，这比任何商讨、说服、威吓或责骂都要奏效得多。

信念"不值钱"，却因坚持而升值

一个人相信自己是什么，就会是什么。一个人心里怎样想，就会成为怎样的人。相信你是个强者，你就可能成为强者。我们每个人心里都有一幅"心理蓝图"或一幅自画像，有人称它为"自我心像"。自我心像有如电脑程序，直接影响它的运作结果。如果你的心想象的是做最好的你，那么你就会在你内心的"荧光屏"上看到一个踌躇满志、不断进取的自我。同时，还会经常收听到"我做得很好，我以后还会做得更好"之类的信息，这样你注定会成为最棒的人。

信念是所有奇迹的萌发点，纵观古今中外凡成大事者，无不是从一个小小的信念开始起步的。

罗杰·罗尔斯是美国纽约州历史上的一位州长。他出生在纽约声名狼藉的大沙头贫民窟。这里环境肮脏，充满暴力，是偷渡者和流浪汉的聚集地。在这儿出生的孩子，耳濡目染，他们从小逃学、打架、偷窃甚至吸毒，长大后很少有人从事体面的职业。然而，罗尔斯是个例外，他不仅考上了大学，而且成为州长。

在就职的记者招待会上，一位记者向他提问："是什么把你推向州长宝座的？"面对300多名记者，罗尔斯对自己的奋斗史只字未提，只谈到了他上小学时的校长皮尔·保罗。

1961年，皮尔·保罗被聘为诺必塔小学的董事兼校长。当时正值美国嬉皮士流行的时代，他走进大沙头诺必塔小学的时候，发现这儿的穷孩子比"迷惘的一代"还要无所事事。他们不与老师合作，旷课、斗殴，甚至砸烂教室的黑板。皮尔·保罗想了很多办法来引导他们，可是没有一个是奏效的。后来，他发现这些孩子都很迷信，于是他上课的时候就多了一项内容——给学生看手相。他用这个办法来鼓励学生。

当罗尔斯从窗台上跳下，伸出小手走向讲台时，皮尔·保罗说："我一看你修长的小拇指就知道，将来你是纽约州的州长。"当时，罗尔斯大吃一惊，因为长这么大，只有他奶奶让他振奋过一次，说他可以成为五吨重的小船的船长。这一次，皮尔·保罗先生竟说他可以成为纽约州的州长，着实出乎他的预料。他记下了这句话，并且相信了它。

从那天起，"纽约州州长"就像一面旗帜，罗尔斯的衣服不再沾满泥土，他说话时也不再夹杂污言秽语，他开始挺直腰杆走路。在以后的40多年间，他没有一天不按州长的身份要求自己。51岁那年，他终于成为了州长。

在就职演说中，罗尔斯说："信念值多少钱？信念是不值钱的，它有时甚至是一个善意的欺骗，然而你一旦坚持下去，它就会迅速升值。"

信念是任何人都可以免费获得的，相信自己，你就能创造奇迹。

英国诗人罗伯特·赫里克曾写过这样的诗句："我是命运的主

人，我主宰自己的心灵。"只有你才是自己命运的主人，只有你才能把握自己的心态，用你的心态塑造自己的未来，这是一条普遍的规律。

有些人也许会问："老天生来就待我不公，我生下来就有缺陷，那我该怎么办呢？"如果你属于这类"不幸者"，那就想想海伦·凯勒的人生经历吧。还有谁能比一个又聋、又哑、又盲的女孩更为不幸呢？可她成了美国著名的作家。

不论你在生理上是否有残疾，不论你是儿童还是成人，你都能从海伦·凯勒的人生经历中得到启示，那些能够产生强烈的愿望以达到崇高目标的人，才能走向成功；那些以积极的心态不断努力的人，才能取得成功。

在人类的任何活动中，要获得成功，就要实践、实践、再实践。当你确立了目标时，努力和劳动就会变成乐事。对那些被积极的心态所激励，想成为成功者的人来说，伴随着任何逆境，都会同时产生一粒等量或更大利益的种子。

拥有一个积极的心态比什么都重要。只要你坚信自己能做到，你就一定能做到，不要给自己找任何借口，因为能打败你的只有你自己，而能挽救并成就你的辉煌的也只有你自己。拥有一个坚定的信念比拥有亿万的财富更宝贵，因为坚定的信念会引领你创造非凡的成就，不仅使你的物质得到满足，更主要的是极大地丰富了你的精神世界。

所有的激情澎湃，不能只是说说而已

　　每个人都希望取得卓越的成就，但有些人提到自己的梦想时却毫无热忱，对自己所做的工作也是敷衍了事，长此下去很难有什么大的突破。热忱是来自人内心的一股力量，它促使你不断前进。热忱是点燃事业的火种，是每个卓越人士必须具备的品质。

　　在希腊语中，"激情"被理解为"神在其中"，它很早就被赋予了神秘的色彩，而它的力量也确实如同它的解释一样，可以将"不可能"变为"可能"，让梦想成为现实，甚至能化腐朽为神奇！因此，对于任何一个人而言，激情都是迈向成功的不竭的动力之源，我们正是因为有了激情，才得以拥有了让梦想得以实现的巨大力量。相反的，如果没有了激情，那么我们就失去了向上的动力，不愿意做事，也不愿意进取。如果在这个时候有人强迫我们做事，尽管可能迫于情面将事情做完，但是在这个过程中，我们将感受不到任何的乐趣，只会觉得是一种折磨。

　　汉克斯是位生意人，赚了几百万美元，而且也存了相当多的钱。他在事业上虽然十分成功，但是他越来越感觉到自己没有了激情，生活和工作中的一切事物都不再能勾起他的兴趣，所以他很是烦恼。

　　汉克斯刚下班，回到家里，踏入餐厅。餐厅中的家具十分华丽，但他根本没去注意它们。汉克斯在餐桌前坐下来，心情十分烦躁不安，于是他又站了起来，在房间里走来走去。他心不在焉地敲敲桌面，差点被椅子绊倒。

汉克斯的妻子这时候走了进来，在餐桌前坐下。他一面与妻子打招呼，一面用手敲桌面，直到一名仆人把晚餐端上来为止。他很快地把东西一一吞下，他的两只手就像两把铲子，不断把眼前的晚餐一一铲进嘴中。

吃完晚餐后，汉克斯立刻起身走进起居室。起居室装饰得十分美丽，有一张长而漂亮的沙发、一张华丽的真皮椅子，地板铺着高级地毯，墙上挂着名画。他坐在一张椅子上，几乎在同一时刻拿起一份报纸。他匆忙地翻了几页，急急瞄了一瞄大字标题，然后，把报纸丢到地上，拿起一根雪茄，引燃后吸了两口，便把它放到烟灰缸了。

汉克斯不知道自己该怎么办。他突然跳了起来，走到电视机前，扭开电视机。等到影像出现时，又很不耐烦地把它关掉。他大步走到客厅的衣架前，抓起他的帽子和外衣，走到屋外散步去了。

汉克斯这样子已有好几百次了。他没有经济上的问题，他的家是室内装潢师的梦想。他拥有两部汽车，事事都有仆人服侍他——但他就是无法让自己快乐起来。不仅如此，他甚至每天都不知道自己应该做什么，感觉身边的任何事物都是对自己的一种折磨。

他的妻子看到这种情况，对他说："你为什么不去把原来创业的激情找回来呢？即使现在成功了，但是对待生活的激情是不能丢掉的啊。"汉克斯听了，心里猛然一震，"对啊，我之所以这么痛苦，就是因为没有了激情，所以生活里的任何事情都勾不起我的兴趣。"认识到这些以后，汉克斯像换了一个人一样，每天都想办法给自己制定一个目标，让自己充满对生活的欲望和对生命的热忱，渐渐地他又找回了自己的快乐。

很多人以为，只有奋斗的过程中才需要激情，而当你已经达到了一定的生活水准之后，就不再需要激情了，因为生活的富足已经满足了你的需求。可是，激情是我们生活的原动力，是能够让我们快乐的重要因素。如果没有它，做什么事情都将了无生趣，生活也将失去原有的快意。所以，时刻要让自己充满激情，保持对生活的热忱，这样我们才能感受到生活的快乐。

每个人心中都有激情的种子，但许多人由于对生活感知的麻木，渐渐地将其隐藏在心中的某个角落。激情是追求卓越人生的不竭动力，还可以传染给你身边的人。

一旦缺乏激情，军队将无法克敌制胜，艺术品将无法流传后世；一旦缺乏激情，人类就不会创造出震撼人心的音乐，不会建造出令人难忘的宫殿，不能产生驯服自然界的各种强悍的力量，不能用诗歌去打动人的心灵，不能用无私崇高的奉献去感动这个世界。

用心挖掘你的激情，如果连自己都打动不了，又如何让别人喜爱你？命运之神只会眷顾热爱它，对它抱有极大热忱的人。否则，即使你什么都拥有了，失去了激情，你也觉得不快乐。

不忘初心，方得始终

人生如一台戏，很多人只是在"演戏"，却不知道结局会怎样，就像一边拍一边播的连续剧，根据个人表现来决定故事的结尾。其实，每个人都有自己的目标，只是演着演着，就失去了自己的那个目标。如果在迈向成功的道路上一直努力不懈地奋斗，可放眼望去，却看不到成功的半点影子，不禁会让人觉得灰心泄气甚至是害怕。如果随时放眼望去都能看到目标，那么成功的希望就会被再度点燃。因此，一个明确、合理的目标对 22 岁的男人来说，是很重要的。

演员王宝强在少林寺磨炼了 6 年，14 岁的时候抱着一个当演员的梦想，怀揣着 500 块钱来到了北京，开始了"北漂"生活。可以想象，在北京这样一个人才济济的大都市，像他这样既没有学历文凭，也没有外在形象，只凭着憧憬就想去影视界发展的人，要想成功那绝对是难上加难的事情。

初来到北京的他，不要说当演员，即便是当群众也得等机会。为了生计，他只好到建筑工地去做小工，一天下来累个半死，晚上睡觉十几个人挤在一个通铺上。就是这样，他也没放弃过演员梦，终于有机会当了几部戏的群众演员，每天挣 20 元钱，但很快就又没戏了。要想再有机会就得到北影厂门口等戏，他每天早上很早起来步行一个多小时来到那里。后来王宝强自己回忆说："每当在那里等待的时候，我就想，回去又能做什么呢？你在这儿待一天就有一天的希望。我一直抱着这种信念，一直坚持着。"

在北京的生活步履维艰，他只有一边做着别人的武术"替身"，一边做民工，才能勉强维持生计，即便这样他也没有放弃当演员的梦想，依旧咬紧牙关坚持着。在一次访谈中，王宝强的哥哥说："到北京没多久，他忽然和家里失去了联系，没有信也没有电话，差不多两年的时间，我妈妈担心得都病倒了。"王宝强确实有这样一段经历，他说："那时候的确是没钱打电话，但更主要的是自己一事无成，觉得没脸和家里人说。"

和他一起出来的很多师兄也劝他："宝强，咱回家吧，我们武功一般，相貌平平，又没文凭，哪个导演会让我们拍戏啊！"这也没有动摇他打拼的决心。苦心人，天不负，终于他先是被李杨导演相中，出演了《盲井》一片，荣获了当年的金马奖最佳新人奖。随后又加盟冯小刚导演的《天下无贼》剧组，他塑造的"傻根"让他一下子红遍全国，星途从此开阔。

如果不是怀抱着梦想，他在任何一个平淡的日子里和老乡一起回到家乡，影坛上就会少了一张淳朴的面孔。

所有的为时已晚，其实都是恰逢其时

有时候我们无法实现目标并不是因为自身的能力不济，而是我们经过不断的努力，但仍然没有看到目标而产生了迷茫。这种迷茫甚至比"贫穷""泄气话"更可怕，它会对意志力进行彻底的打击，使我们失去对成功的信念。

为了避免这种情况，我们可以将这个远大的目标分成几个小目标，来逐步完成。日本的长跑运动员山田本一就很好地做到了这一点。

1984 年，在东京国际马拉松邀请赛中，名不见经传的日本长跑运动员山田本一力压群雄，出人意料地夺取了此次马拉松冠军。在全程 40 多公里的马拉松比赛中，由于体质原因，作为亚洲人的山田本一夺得冠军，这在外人看来着实是不可思议的一件事情。

赛后，记者问他凭借什么取得如此不可思议的成绩时，山田本一说："凭智慧战胜对手。"对于这个回答，当时许多人不以为然，都认为他这是在故作神秘、故弄玄虚。因为大家都认为马拉松是一项考验体力和耐力的运动，爆发力和速度都还在其次。只要运动员的身体素质好、耐力长久，才有角逐冠军的可能性，智慧对马拉松比赛来说会有什么帮助？"凭智慧战胜对手"这个说法似乎有点离谱，难道他用脑袋跑步不成？然而那时的山田本一并没有做太多的解释，只是想用自己的行动再次证明自己。

两年后，意大利国际马拉松邀请赛在意大利的北部城市米兰举行。山田本一再次代表日本参加比赛，并且再一次"出人意料"地获得了世界冠军。赛后采访,记者们再度问山田本一获胜的关键究竟是什么。性情木讷的山田本一原本就不善言辞,所以这次的回答还是和上次一样:"凭智慧战胜对手。"得到这个回答,记者仍然觉得一头雾水,莫名其妙。

10年后,山田本一在他的自传中,非常清楚地解释了他"凭智慧战胜对手"的论点:"每次比赛前,我都会先把比赛的路线仔细地看一遍,并且把沿途比较醒目的标志记下来。比如第一个标志是银行,第二个标志是一棵大树,第三个标志是一座红房子……就这样一直记到赛程的终点。这些醒目的标志就是我设定的目标。等到真正比赛时,我会奋力地向第一个目标冲刺,等到达第一个目标后,再用同样的速度跑向第二个目标,就这样完成所有的目标。这样一来,不管多远的赛程,只要分解成几个小目标,我就可以轻松地跑完全程了。刚开始时我不明白这个道理,把目标定在终点线,结果跑不到十几公里便疲惫不堪,甚至被前面遥远的路程给吓倒了。"

远大的目标可以激发人的斗志,但过于遥远的目标容易让人觉得鞭长莫及,产生迷茫以至绝望的情绪。如果我们将它分解成多个容易完成的小目标,这样我们在完成每个小目标之后,就又能感觉到新的希望了,而这希望就是支持我们走下去的动力。

确定一个随时让自己看得见的目标,不要被眼前那一层让人迷茫的"雾"给击败。

第五章

如果事与愿违，
请相信一定另有安排

混日子的人下场都很惨

人生的意义在于付出而不是索取。有一句名言说：人活着应该让别人因为你活着而得到益处。学会给予和付出，你会感受到舍己为人，不求任何回报的快乐和满足。

凡是成功人士都知道这样一句格言"付出总有回报"。不要刻意要求付出与回报的比例，有时短期内或许看不到回报，但或多或少在将来的某个时间里你的付出一定会有所收获。

有一种人，他们唯恐付出后，只会使自己增加损失，这种人到头来只能是一无所获，"付出"有助于提高人们的士气与精力，从而保持我们与天地万物之间的一致性。"付出"也会使我们的潜意识相信，我们所拥有的远远超过我们所需要的。其实应明白，我们在有生之年所做的一切，首先都是为了自己。当我们付出时，我们才是真正的受益人，因为"付出"会使我们心情无比舒畅！我们应该感谢别人制造机会让我们付出。

我们都听说过一些为他人奉献生命的人，他们并不求回报，但无形中却得到了各界人士的赞美和爱戴。我们在追求成功时一定要时时看清自己对他人的意图，假如我们做了一些对众人不利的事，将得到严厉的报应，我们不可能神不知、鬼不觉地欺骗别人，因为良心会时刻监督着你自己。取得自己之所需的同时，也要帮助别人获得其所需，并能从好与坏的经验中取得教训，以我们的爱、智慧和仁慈之心诚恳待人，从大处着眼看问题，那么我们一定能享受到生活中最美好的果实。

大千世界，谁也不愿做孤家寡人，而在人与人相处的过程中，彼此的关心与帮助是不可缺少的。每个人都有需要别人帮助的时候，今天帮人一把，日后自己有难处，也定会得到他人的关心和帮助。

一个男子坐在一堆金子上，伸出双手，向每一个过路人乞讨着什么。

吕洞宾走了过来，男子向他伸出双手。

"孩子，你已经拥有了那么多的金子，难道你还要乞求什么吗？"吕洞宾问。

"唉！虽然我拥有如此多的金子，但是我仍然不满足，我乞求更多的金子，我还乞求爱情、荣誉、成功。"男子说。

吕洞宾从口袋里掏出他需要的爱情、荣誉和成功，送给了他。

一个月之后，吕洞宾又从这里经过，那男子仍然坐在一堆黄金上，向路人伸着双手。

"孩子，你所求的都已经有了，难道你还不满足吗？"

"唉！虽然我得到了那么多东西，但是我还是不满足，我还需要快乐和刺激。"男子说。

吕洞宾把快乐和刺激也给了他。

一个月后，吕洞宾见那男子仍坐在那堆金子上，向路人伸着双手——尽管有爱情、荣誉、成功、快乐和刺激陪伴着他。

"孩子，你已经拥有了你想要的，难道你还乞求什么吗？"

"唉！尽管我已拥有了比别人多得多的东西，但是我仍然不能感到满足，老人家，请你把满足赐给我吧！"男子说。

吕洞宾笑道："你需要满足吗？孩子，那么，请你从现在开始学着付出吧。"

吕洞宾一个月后从此地经过，只见这男子站在路边，他身边的金子已经所剩不多了，他正把它们施舍给路人。

他把金子给了衣食无着的穷人，把爱情给了需要爱的人，把荣誉和成功给了惨败者，把快乐给了忧愁的人，把刺激给了麻木冷漠的人。现在，他一无所有了。

看着人们接过他施舍的东西，满含感激而去，男子笑了。

"孩子，现在，你拥有满足了吗？"吕洞宾问。

"拥有了！拥有了！"男子笑着说，"原来，满足藏在付出的怀抱里啊。当我一味乞求时，得到了这个，又想得到那个，永远不知什么叫满足。当我付出时，我为我自己人格的完美而自豪、而满足，为我对人类有所奉献而自豪、而满足，为人们向我投来的感激的目光而自豪、而满足"。

即使拥有金钱、爱情、荣誉、成功和快乐，也许你还不会有满足。满足是人生无求的最高境界，只有给予和付出，你才能达到这一境界。凡事要成功，必须经过艰苦的奋斗，只想享受，不知勤奋，必将成为完成大业的绊脚石，这是人所共知的。只有养成勤劳的习惯，一分耕耘才会有一分收获。

感谢付出的馈赠，若你没得到什么，可能因为你付出的不够；若你觉得自己所得太少，其实你本可以付出更多！我们的付出和给予，为他人造就了幸福和快乐，而这种幸福和快乐，最终也会降临到我们自己的身上。

所有的好运气，只不过是努力埋下的伏笔

一个人要成功首先要有一颗付出、感恩的心。人生的意义不是他得到了多少，而是他付出了多少。一个人最大的人生成就是经由自己的工作或是付出，而帮助别人实现梦想、成就事业。

这是一条非常美妙的原则。世界上没有不需要付出的成功，如果一个人没有付出就成功了，那是因为有人在他前面付出了；如果他付出了，却看不到成功，那是因为成功还没有到来，或是在他后面的人会从他的付出里收获成功。就像你播种玉米，收获的永远不是萝卜一样，你撒下厌恨的种子，一定也绝不可能生长出爱的青苗，有什么样的付出就会有什么样的收获。有人根据这种不同，把付出分为三类：即火石类付出、海绵类付出和蜂巢类付出。火石类付出是你用榔头敲，然后得到一些碎片和火花，是

一种在别人的要求下而作出的付出。海绵类付出是你只要用劲挤，海绵里的水就会出来，是一种有外力，但也有点自觉自愿的付出。蜂巢类付出是只要有蜂蜜就外溢，是一种完全自愿的付出。其实我们每个人都能做个蜂巢类付出者，只要想做到，我们就一定有所付出。

如果没有付出之前，就先想要得到，这种付出不是付出，这只是生活中的能量转换，这是斤斤计较的做法。这是一种贪婪、自私的哲学，只会对参与者产生伤害。真正的付出是：你付出再付出，一而再、再而三的付出，付出的时候不考虑回报。如果有回报，那只是你付出的结果，而不是付出时的目的。当回报来临时，你坦然接受它。

有一位父亲对儿子说："儿子，这个星期你要打扫地下室，你可以这个星期的任何一天打扫，但是，你必须在星期六中午之前把地下室打扫干净，因为星期六的下午我们会一起去游泳。如果星期六中午的时候，地下室打扫干净了，你就可以和我们一去游泳，如果地下室没有打扫干净，我们其他人去游泳，而你就要留在家里打扫地下室。"

儿子是一个活泼型的人，喜欢运动，不喜欢做家务。然而那一天，他没有去游泳，因为他星期六中午之前没有完成家务。家人都出去玩了，则留下他一个人打扫地下室。他从此悟出了先付出再玩乐的原则。你要么先付出，而后玩乐；要么在之后付出，之前玩乐。

世界上并没有免费的午餐，你必须付出。问题不是要不要付出，而是什么时候付出。是在得到回报前付出，还是在得到回报后付出。如果你在前面付出，付出的代价比在后面付出更便宜，等待付出越久，你就得付出越多。如果你在前面玩乐，在后面就要付出昂贵的代价；如果你在前面付出，就可以在后面享有更多的玩乐。如果你想真正生活在更高层次，就要给予，而不能只想到收获。给予并不是因为你很有钱，因为给予并不单纯是物质的援助，给予是一种态度。

无论你身处何种境地，都需要给自己一个明确的目标，让自己不断超越过去，向优秀努力。第一个冲向终点的人不一定是起跑最快的人，而常常是那些有强烈的成功欲望的人；工作中最后的胜利者也一定是那些能够不断追求卓越的人。

职场中，有一些人没有犯任何错误结果被公司开除，被开除之后很不服气地问："我没犯任何错误，为什么开除我呢？"的确，没犯错误理应正常工作，但是现代职场没犯错误已不是工作的充分条件，因为在"没犯错误"之上还有"表现良好"，在"表现良好"之上还有"表现优秀"。职场最先选择的自然是"表现优秀"的人，而"没犯错误"的人只能被淘汰了，因为没有人会舍弃黄金而取粗沙的。

如果你给予他人的比平常多一点，如果你能给他人提供更多的方便，如果你能比平时多做一点点，结果就会有大大的不同。因为付出的种子是倍增的，你付出得多一点，你也能多收获一点。

你的付出，终会得到回报

　　无论你从事什么工作或活动，只做到全心全意、尽职尽责是不够的，还应该比自己分内的工作多做一点，比别人期待的更多一点，这样你就可以吸引更多的注意，给自我的提升创造更多的机会，而且你所付出的额外服务会为你带来更多的回报。想想看种植小麦的农夫吧！

　　如果种植一株小麦只能收成一粒麦子，那根本就是在浪费时间，但实际上从一株小麦上可收成许许多多的麦子。尽管有些小麦不会发芽，但无论农夫面临什么样的困难，他的收成必定多出他所种植的好几倍。

　　多付出一点点是一种经过几个简单步骤之后，便可付诸实施的原则。它实际上是一种你必须好好培养的心境，你应使它变为成就每一件事的必要因素。如果你是以不甘心情愿的心态提供服务，那你可能得不到任何回报，如果你只是从为自己谋取利益的角度提供服务时，则可能连你希望得到的利益也得不到。

　　一个"心灵富足"的人，他的任何付出都会获得补充，因为他在付出之后会想到自己因为富足，所以付出。但我们并不是赞成那些一味地随心所欲地付出的人，我们赞成的是你在付出时，应该具有成功的意识，只有这样才能把握分寸，使自己不至于盲目。凡事都有代价，当我们付出时不要一味地追求回报。我们一

所有的为时已晚，其实都是恰逢其时

定要看清楚每一个欲望的代价，这样才可以提高意识的警觉性。有一点现象不容忽略，那就是这些人所付出高昂代价以饱自己私欲的内心，正承受着无休止的煎熬与报应。人类天生是道德动物，当我们偏离正轨为非作歹时，我们也"逃"不过自己的心。一个作恶的人，实际上也是迫害自己的元凶。良心的谴责，永远胜过任何法律的制裁。

卡洛·道尼斯先生最初为杜兰特工作时，职务很低，现在已成为杜兰特先生的左膀右臂，担任其下属一家公司的总裁。之所以能如此快速升迁，秘密就在于"每天多干一点"。

有人曾经拜访道尼斯，并且询问其成功的诀窍。他平静而简短地道出了个中缘由："在为杜兰特先生工作之初，我就注意到，每天下班后，所有的人都回家了，杜兰特先生仍然会留在办公室里继续工作到很晚。因此，我决定下班后也留在办公室里。是的，的确没有人要求我这样做，但我认为自己应该留下来，在需要时为杜兰特先生提供一些帮助。"

"工作时杜兰特先生经常找文件、打印材料，最初这些工作都是他自己亲自来做。很快，他就发现我随时在等待他的召唤，并且逐渐养成招呼我的习惯……"

因为道尼斯自动留在办公室，使杜兰特先生随时可以看到他，并且诚心诚意为他服务，杜兰特先生就养成召唤道尼斯的习惯。道尼斯没有因此获得任何报酬，但是，他获得了更多的机会，使自己赢得老板的关注，最终获得了提升。

身处困境而拼搏能够产生巨大的力量，这是人生永恒不变的法则。如果你能比分内的工作多做一点，那么，不仅能彰显自己勤奋的美德，而且能发展一种超凡的技巧与能力，使自己具有更强大的生存力量，从而摆脱困境。

　　社会在发展，公司在成长，个人的职责范围也随之扩大。不要总是以"这不是我分内的工作"为由来逃避责任。当额外的工作分配到你头上时，不妨视之为一种机遇。想要成功既要学习专业知识，也要不断拓宽自己的知识面，一些看似无关的知识往往会对未来起巨大作用。而"每天多做一点"则能够给你提供这样的学习机会。

　　多付出一点点的意义还在于强化自己的工作能力，并在工作上精益求精。如果你能抱着最佳心态，执行你的任务，便能更进一步加强你的技能。借着有规律的自律行动，你将会越来越了解多付出一点点的整个过程，并会在潜意识中出现对"高品质工作"的要求。记住这句格言："力量和奋斗是息息相关的因素。"

　　多付出一点点，就像一盏明灯照着你自己，同时也照亮了他人。付出就有回报，这是一个众所周知的因果法则。也许你的投入无法即刻让你得到相应的回报，也不要失望和沮丧，应该一如既往地付出。回报可能会在不经意间，以出人意料的方式出现。

　　为什么铁匠的手臂会比一般人强壮，为什么经常遭受暴风雨侵袭及阳光照射的树木会比其他的树木粗壮，只有一个原因，那就是比一般多付出一点，多做一点。

别管理时间了，不够用的是你自己

俗话说："一分耕耘，一分收获。"也就是说耕耘与收获是成正比的。要想比别人取得更多的成就，唯一的方法就是比别人多做一点。多做一点只会"增肥"，不会"掉肉"。

萨姆是一家连锁超市的打包员，日复一日地重复着几乎不用动脑甚至不需要什么技巧的简单工作。但是，有一天，他听了一个主题为"建立岗位意识和重建敬业精神"的演讲，便想如何通过自身的努力使自己的单调工作变得丰富起来。他让父亲教他如何使用计算机，并设计了一个程序，然后，每天晚上回家后，他就开始寻找"每日一得"，输入计算机，再打印出许多份，在每一份的背面都签上自己的名字。第二天，他给顾客打包时，就把这些写着温馨有趣或发人深省的"每日一得"纸条放入买主的购物袋中。

结果，奇迹发生了。一天，连锁店经理到店里，发现在萨姆的结账台前排队的人比其他结账台多出3倍！经理大声嚷道："多排几队！不要都挤在一个地方！"可是没有人听，顾客们说："我们都排萨姆的队——我们想要他的'每日一得'。"一个妇女走到经理面前说："我过去一个礼拜来一次商店。可现在我路过就会进来，因为我想要那个'每日一得'。"

古人云，将欲取之，必先予之。我们做任何事情，要想有所成就，都必须付出代价，没有付出是不可能有收获的。你所付出的额外劳动或者服务都不会是徒劳的，总有一天，它将带给你更多的回报。

无论我们在什么行业，无论我们的职位高低，多付出一点的做法会使我们成为公司中不可或缺的角色，这是因为我们能够提供他人没有提供的服务。也许有人比我们更有知识、技术更高明、声望更高，但他们却不能和我们一样为公司提供多出一点点的服务。

比别人多做一点，就要求我们看得比别人更远一点，动力比别人更足一点，行动比别人更快捷一点，做得比别人更多一点，坚持的时间比别人更久一点，做事比别人更自觉一点，态度比别人更认真一点，方法比别人更灵活一点……

一个人讲述了自己成功的经历：

"50年前，我开始踏入社会谋生，在一家五金店找到了一份工作，每年才挣75美元。有一天，一位顾客买了一大批货物，有铲子、钳子、马鞍、盘子、水桶、箩筐等。这位顾客过几天就要结婚了，提前购买一些生活和劳动用具是当地的一种习俗。货物堆放在独轮车上，装了满满一车，骡子拉起来也有些吃力。送货并非我的职责，而完全是出于自愿——我为自己能运送如此沉重的货物而感到自豪。一开始一切都很顺利，但是，车轮一不小心陷进了一个不深不浅的泥潭里，我使出吃奶的劲儿都推不动。一位心地善良的商人驾着马车路过，用他的马拖起我的独轮车和货物，并且帮我将货物送到顾客家里。在向顾客交付货物时，我仔细清点货物的数目，一直到很晚才推着空车艰难地返回商店。我为自己的所作所为感到高兴，但是老板并没有因我的额外工作而称赞我。"第二天，那位帮我的商人将我叫去，告诉我说，他发现我工作十分努力，热情很高，尤其注意到我卸货时清点物品数目的细心和专注。因此，他愿意为我提供一个年薪 500 美元的职位。我接受了这份工作，并且从此走上了致富之路。"

事情往往就是这样的，你愿意多付出一点点，机遇便会回报你更多。从故事中我们可以看出，这位富人的成功只因为一点——比别人多付出一点点。"多付出一点点"，不是语言上的自我表白，而是行动上的真正体现。"多付出一点点"的目的，并不是为了即时得到相应的回报。也许你的投入无法立刻得到相应的回报，但不要气馁，应该一如既往地多付出一点，回报可能会在不经意间以出人意料的方式出现。如果你能在不渴求回报的情况下，以一种积极自觉的态度比别人"多付出一点点"，把工作做到最好，那么，你就会得到一盏照亮你前程的机遇之灯，而不仅仅是一点回报。

谚语有云，"寒鸡不待东方曙，唤起征人踏月行"。我们只有冲出工作的"围墙"，树立多付出一点的信念，才能使我们在任何地方、任何时候都立于不败之地。

思想上积极，行动上主动

不断地努力，才能不断地靠近成功。不要一味地空谈，尽快付出行动，才能尽早地收获成功。在我们的生活中，每天都有成千上万的人不采取行动，他们一味地将自己的新构想拖延着，不付诸实践，最终将这些好想法取消或者埋葬，尽管这样，这些构想还会来折磨他们。可能我们身边很少有人愿意窝囊地活着，大多数人都想让自己成功，有出息。但是，大多数人只是有这样或那样的想法，并没有将想法付诸行动。所以，这导致真正成功的人很少。因为，他们拖延着，幻想着，人生就这样在这幻想与拖延中度过。

成功的快乐可能不是行动所摘下来的果子，但是，如果没有行动，所有的果子都会在树上烂掉。所以，你要时时记住，要想成功，只有行动起来。只有不断地努力，才是你行动力的表现。不要担心方法的笨拙和时间的快慢。正所谓，只要功夫深，铁杵磨成针。当失败者仍在沉默的时候，你就去说话；当失败者休息的时候，你就去工作；当失败者说太晚的时候，你已经做好了。要想使你宏伟的计划不是永远停留在纸上的蓝图，你只能用实际行动把它变为现实。

哲学家正在和他的学生讨论，看谁有诀窍不用钓具也能将水池中的鱼捉住。

一学生想只要朝里面丢石头，将鱼惊得蹦到岩上就有办法捉住它。于是他马上从地上捡起许多石子，猛烈地朝池中的鱼投去，可惜没有一个石子击中鱼。他累得直喘气，只好无奈地放弃了。这时，哲学家不慌不忙地掏出一把小汤匙，把鱼池中的水一匙一匙地舀到沟里。学生一脸骇然："这要等到什么时候啊？""这方法虽然慢了一点，但只要我不断地努力，最后的胜利必然是属于我的。"哲学家一脸的胜券在握。

哲学家的行为告诫我们，成功没有捷径可走，只有不畏劳苦沿着陡峭山路攀登的人，才能达到顶峰。成功凝聚着一个人的行动力。要想成功，就要不断地努力，经过长时间完成其发展的艰辛过程，并一心一意地朝着这个目标奋斗，方可望有所成就。

全世界最伟大的篮球运动员迈克尔·乔丹在率领公牛队获得两次三连冠后，毅然决定退出篮坛，因为他已经得到世界上篮球运动史中最多的个人光荣纪录与团队纪录，他是20世纪最伟大的体坛运动员。在退休后，记者采访时问他成功的原因，他说："我成功了！因为我比任何人都努力。"

乔丹不只比任何人都努力，在他处于巅峰的时候，他还比自己更努力，不断要突破自己的极限与纪录。在公牛队练球的时候，他的练习时间比任何人都长，据说他除了睡觉时间之外，一天只休息两个小时，剩下的时间全部练球。

时常看到有的篮球运动员在罚球的时候投不进球，于是，对手就不断运用策略在他身上犯规。但如果他有一天也像乔丹一样只休息两个小时，其余时间全部站在罚线练球增加自己的准确度，这样持续一年下来，他罚球的能力定会提高。

是的，"努力"这两个字听起来好像令你很不愿意去做，但是你不能回避这两个字，因为成功的确需要努力。

要把握住自己内在的动力，超越自我，才能不断地鞭策自己前进，而不因一时的懈怠或暂时的成功而失去继续努力的动力。一个人的成功与否与他的行动力有莫大的关系。有些人有一个天才的想法，却没有天才的行动，结果这个想法便失去了价值；有些人有一个开始未必完美的想法，却有天才的行动，结果这个想法却修成正果，大放异彩。你采取的行动力与你的成功成正比。

不断努力会带来意想不到的收获。很多人决心改变人际关系，他们很多次想增加拜访客户量，多少人抱怨自己工资收入少，却迟迟不去努力换工作。很多次想提升收入，很多次想改善生活质量，很多次想学英语，很多次想减轻体重，很多次想改变自己，但是做到了没有？成功了没有？如果，一个人坚定不移地将经历投入一件事，成功的概率一定能够很大。能做到的没有做到，能做成功的没有做成功，一定因为行动力不够。

正因为喜欢拖延，正因为中途放弃，很多人终生没有大的成就。如果你想获得心中所要的结果，你就需要有一个好的想法，需要一个强大的行动力，关键是坚持不懈的努力。从现在起，比别人多努力一点，你将会得到更多的回报。

世界很好，努力才配得到

不要总相信还有明天，如果你一直等待明天，将是一事无成。拖延是吞噬生命的恶魔。

一日有一日的理想和决断，昨日有昨日的事，今日有今日的事，明日有明日的事。放着今天的事情不做，非得留到以后去做，却不知在拖延中所耗去的时间和精力，足以把今日的工作做好。决断好的事情拖延着不做，往往还会对我们的品格产生不良影响。

受到拖延引诱的时候，要振作精神去做，不要去做最容易的，而要去做最艰难的，并且坚持下去。美国哈佛大学人才学家哈里克说："世上有93％的人都因拖延的陋习而一事无成，这是因为拖延能杀伤人的积极性。"

曾有一位打工者在年底受到老板的忠告："希望从明年开始，你能认认真真地做下去。"

可是那位打工者却回答说："不！我要从今天开始就好好地认真工作。"虽然告诉你明天，其实就是要你现在开始的意思。不从今天而从明天开始，似乎也不错，然而有"从今天开始"的精神才是最需要和让人敬佩的。

将事情留待明天处理的态度就是拖延和犹豫，这不但阻碍职业上的进步，也会加重生活的压力。对某些人而言，拖延就像一块心病，使人生充满了挫折、不满与失落感。

最初可能只是由于犹豫不决才拖延，但等到一个人养成了拖延的习惯，就会有众多借口导致拖延的发生。经常拖延的人总是寻找很多借口：工作太无聊、太辛苦、工作环境不好、完成期限太紧等。

拖延误事，没有比养成"今天的事情今天完成"更好的习惯了。当你每天起床后，应该预计今天要完成哪些事情，等到临睡前的时候，你就可以仔细检查一下，你预定的工作完成了没有，如果没有的话，就赶快抓紧时间完成吧！

拖延是一种顽疾，如果你要克服它并且养成"今日事今日毕"的习惯，你就要下定决心，准备洗心革面。

我们每个人在自己的一生中，有着种种憧憬、种种理想、种种计划，如果我们能够将这一切憧憬、理想与计划，迅速加以执行，那么我们在事业上不知道会有多么大的成就！然而，人们有了好的计划后，往往不去迅速执行，而是一味拖延，以致让充满热情的事情冷淡下去，幻想逐渐消失，计划最终破灭。

某个高尚的理想、有效的思想、宏伟的幻想，是在某一瞬间从一个人的头脑中跃出的，这些想法刚出现的时候也是很完整的。但有拖延恶习的人迟迟不去执行，不去实现，而是留待将来再去做。这些人都是缺乏意志力的弱者。那些有能力并且意志坚强的人，往往趁着热情最高的时候就去把理想付诸实施。

今日的理想，今日的决断，今日就要去做，一定不要拖延到明日，因为明日还有新的理想与新的决断。明日复明日，明日何其多！

拖延往往会妨碍人们做事，因为拖延会消磨人的创造力。过分的谨慎与缺乏自信都是做事的大忌，有热忱的时候去做一件事，与在热忱消失以后去做一件事，其中的难易苦乐相差很大。趁着热忱最高的时候，做一件事情往往是一种乐趣，也比较容易；但在热情消失后，再去做那件事，往往是一种痛苦，也不易办成。

不要总相信"还有明天"，今天才是你努力的起点，如果你一直等待明天再去努力，那你永远不会获得成功。

不要闲，不要嫌

自己失去了进取心，就算机会放在你身边，你也抓不住它。进取心是前进的动力，进取心是扬帆远航的风向标。没有了进取心是一件可怕的事，那就意味着一个人终将碌碌无为地过完他的一生，甚至连自己的心也变得逐渐麻木，只是在这个世上混饭吃。

拿破仑·希尔说："成也积极，败也积极，进也积极，退也积极，永远积极。"只有拥有积极进取的心，你才有可能抓住稍纵即逝的机会，如果你一味消极避世、怨天尤人，那么就算机会放在你的手边，你也抓不住它，又怎么去改变不顺的现状！

有一天，约翰去拜访毕业多年未见的老师。老师见了约翰很高兴，就询问他的近况。

这一问，引发了约翰一肚子的委屈。约翰说："我对现在做的工作一点都不喜欢，与我学的专业也不相符，整天无所事事，工资也很低，只能维持基本的生活。"

老师吃惊地问："你的工资如此低，怎么还无所事事呢？"

"我没有什么事情可做，又找不到更好的发展机会。"约翰无可奈何地说。

"其实并没有人束缚你，你不过是被自己的思想抑制住了，明明知道自己不适合现在的位置，为什么不去再多学习其他的知识，找机会自己跳出去呢？"老师劝告约翰。

约翰沉默了一会儿说："我运气不好，什么样的好运都不会降临到我头上的。"

"你天天在梦想好运，而你却不知道机遇都被那些勤奋和跑在最前面的人抢走了，你永远躲在阴影里走不出来，哪里还会有什么好运。"老师郑重其事地说，"一个没有进取心的人，永远不会得到成功的机会。"

约翰的平淡无奇，就在于他把积极的心放在了别处。如果他能把积极进取常放心头，他的人生怎么会如此平庸？

一块有磁性的金属，可以吸起比它重一倍的重物，但是如果你除去这块金属的磁性，它甚至连轻如羽毛的东西都吸不起来。同样的，人也有两类：一类是有磁性的人，他们充满了信心和信仰，他知道他们天生就是个胜利者、成功者。另外一类是没有磁性的人，他们充满了畏惧和怀疑，机会来时，他们却说："我可能会失败，我可能会失去我的钱，人们会耻笑我。"这一类人在生活中不可能会有成就，因为他们害怕前进，他们就只能停留在原地。

生活中，拥有一颗积极进取的心，比什么都重要。

黛安妮是美国一家大时装企业的创始人。她23岁的时候，从父亲那儿借款3万美元，自己开了一家服装设计公司。后来她将自己的公司发展成了一个庞大的时装企业，现在年销售额达200万美元。接着，她又办起一家经营化妆品的公司，还同其他公司合作用她的名字做商标生产皮鞋、手提包、围巾和其他产品。她只用了5年时间就完成了这一切。

这位时装企业的女强人对成功又是怎样解释的呢？她说："如果把生活比作旅程，成功便是在沙漠中看到了一片绿洲，你在这里稍事休息，举目四望，欣赏一下这里的景致，呼吸几口清新的空气，再睡上一个好觉，然后继续前进。我认为成功就是生活，就是能够享受生活的一切——既有欢乐和胜利，也有痛苦和失败。"

黛安妮认为，有一种不断前进的欲望在推动着她。"当我朝着一个目标努力时，这个目标又将我带到一个新的高度，使我踏上了一条通往新生活的道路。我并不是总知道自己在走向何处，前进中会发生各种事情，会出现不同的情况，甚至遇到灾难，而道路也越走越广。我有一个不变的信念，就是：'在自己的人生经历中，不放过任何一个成功的机遇。'"

黛安妮事业上的成功取决于她积极进取的精神。满足现状意味着退步，一个人如果从来不为更高的目标做准备的话，那么他永远都不会超越自己，永远只能停留在自己原来的水平上，甚至会倒退。

没有一个人有骄傲的资本，因为任何一个人，即使在某一方面的造诣很深，也不能够说他已经彻底精通、彻底研究全了。"生命有限，知识无穷"，任何一门学问都是无穷无尽的海洋，都是无边无际的天空……所以，谁也不能够认为自己已经达到了最高境界，可以停步不前、趾高气扬了。如果是那样的话，则必将很快被同行赶上，被后人超过。所以，我们要一直保持积极进取的精神，去追寻自己的理想。

别对自己的渴望装聋作哑

有谁曾停止过对"成功"的疯狂追逐？将自己定位越高的人，成功的目标越大，对成功的欲望越强烈——"不知足"恰恰又成了人类前进的动力，哪一天知足了，前进的脚步便停止了。按照德国哲学家叔本华的理论，人因不满足而痛苦，于是拼命追逐，一旦满足后，又倦怠无聊——又不满足了，于是又开始了新一轮的追逐。人不能只满足于现有的成绩，永远要求自己做到优秀，人类才能在发展的矛盾中，波浪式前进，螺旋式上升。因此，我们应订立目标，用行动去落实，做到更好。

有一次，希望集团总裁刘永行去一家韩国面粉企业参观。然而就是这次普通的参观，给他很深的感受，回国后好几个晚上都难以入眠。这家面粉厂属于西杰集团，每天处理小麦的能力是1500吨，却只有66名雇员，其工作效率之高令刘永行惊叹不已。在国内，相同规模的企业一般日生产能力只有几百吨，而员工人数却达上百人。

250吨日处理能力的工厂也有七八十名员工，日生产能力却仅有韩国工厂的六分之一。为了弄清楚其中的奥秘，刘永行与这家工厂的管理层进行了深入的交谈，了解到他们也在中国投资办过厂。当时的日处理能力为250吨，员工人数则高达155人。同样的投资人，设在中国的工厂与韩国本土生产效率居然相差十倍之遥，效益自然也不会太理想，磨合了一段时间，觉得没有改善的可能性，就将工厂关闭了。

两家工厂的效率为什么有如此大的差距呢？是设备的先进程度不同还是管理方法有差别？当然都不是，韩国本土工厂是20世纪80年代投入生产的，而与中国的合资厂却在90年代建设起来的，设备比原厂还先进。工厂的主要管理层基本上是韩国人。恰好，刘永行遇到了那位曾在中国负责的韩国厂长。

怀着极大的好奇心，刘永行特意请教这位厂长："为什么同样的设备、同样的管理，设在中国的工厂却需要雇佣那么多员工呢？"那位厂长回答很含蓄："也许是中国人做事落实不到位吧。"而正是这么一句轻描淡写的话，却让刘永行回国后彻夜难眠。他知道，当着一群中国企业家的面，那位厂长的话已经是十分客气的了。在这句平淡的话背后，一定藏有许多难言之隐，一定有许许多多不为人知的管理问题。刘永行心想，与韩国人相比，中国人做事的态度无疑存在很大的差距。韩国人做事总是手脚不停，无论是工人还是管理人员，手头的工作做完了，就一定安排别的事情，他们是一专多能。而在中国大部分企业中，还存在把自己的事情做得差不多就够了的想法，所以我们的效率就低了。

也许对待一份工作只是差那么一点点，但是这份工作最终离完美便是遥不可及。优秀是一种使命，但是，优秀更需要用执着的信念去落实。成功不是一个点，而是由无数个点组成的完整的生命历程。人常说，知足常乐。也许达成一个目标，就该永享成功，不必再进取拼搏了。其实，只有在不断地努力中你才会发现事情永远不会有尽头，任何事都可以做得更好。投入你的智慧和力量，让辛勤的汗水洒在你年轻的脸上，挥洒青春，努力拼搏，不让自己后悔。大到企业文化，小到一个简单的行动，都能体现出对人生对工作的态度。生活中，由普通员工成长为高级管理人员的例子比比皆是，他们与别人不同的是，始终有一份向上的信念在他们心中，以此指引他们付出更多的努力与辛勤。

美国标准石油公司曾经有一位小职员叫阿基勃特，他在出差住旅馆的时候，总是在自己签名的下方写上"每桶4美元的标准石油"字样，在书信及收据上也不例外，签了名，就一定写上那几个字。他因此被同事叫作"每桶4美元"，他的真名倒没有人叫了。公司董事长洛克菲勒知道这件事后说："竟有职员如此努力宣扬公司的声誉，我要见见他。"于是邀请阿基勃特共进晚餐。后来，洛克菲勒卸任，阿基勃特成了第二任董事长。

也许，在你看来，在签名的时候写上"每桶4美元的标准石油"，这实在不是什么大事，但阿基勃特把"责任"这个词的内涵演绎到了极致。那些嘲笑他的人中，肯定有不少比他优秀的，可是没有人像他那样把优秀落实到行动中，所以，他能够比别人获得更大的成功。

因此，面对每一份责任，我们都应该抱着追求优秀的积极态度用行动去落实。企业中的责任无处不在，无论是大事还是小事，我们都要全身心地投入，满怀责任感去完成它。责任存在的地方就有机会，只有当责任感成了你的工作态度，你才能与胜任、优秀及成功同行。

把优秀作为目标，并付诸实践，是成功的重要条件。如果失去了这些条件，即使你才识渊博、技能熟练，也无法成功。一旦你拥有坚持信念、永不言弃的品质，不论在任何地方，你都不难找到一个适当的职位。反之，如果你看不起自己，只知道糊里糊涂地依靠别人，迟早会被人踢到一旁的。

第六章

对自己最大的慷慨，
就是把努力留给现在

那些不喜欢你的人，总是教会你更多

对于公司来说，老板要培养一名干部，肯定要让他先到基层去了解底下的情况，再到各个部门去熟悉公司所有工作流程，顺便考察一下他对公司的忠诚度，最后才决定予以重任。有些人不明白这一点，以为自己得罪了人，或是老板有意给自己穿小鞋，吃不了苦，受不了"折腾"，不专心工作，甚至直接卷铺盖走人了，令人不禁为之扼腕长叹！许多企业老板都羡慕联想的柳传志，说他有两个好的接班人：杨元庆和郭为。可谁又能想到，柳传志为了培养这两名接班人，把他们"折腾"成了什么样子。

在联想，杨元庆和郭为可谓被老板"折腾"的典型代表。据说，他俩是一年一个新岗位，"折腾"了十几年，换了无数个岗位，把公司的每个部门、每个流程都熟悉透了，这才成了联想的"全才"。可喜的是，他们都经受住了考验，出色地完成了任务，同时交了一份关于忠诚的满分卷子！柳传志也因此有了一个心得："'折腾'是检验人才的唯一标准！"

"折腾"员工其实是对员工的一种培训，能够被老板"折腾"又何尝不是员工的一种幸运呢？老板愿意"折腾"你，有"折腾"你的计划，说明你已经被老板看中了，可能成为重点培养的对象。你不但不应该记恨，反而应该利用这绝好的机会，在新的岗位上尽快进入工作状态，熟悉工作内容和流程，随时做好接受"折腾"的准备，经受住老板对你的考核。

压力降临到我们身上是因为我们要接受考验，因为我们具有发展的潜力，因为所有成长的机会都蕴藏在压力之中。挑战与机遇总是并存的，压力与希望总会相伴而行，只要我们还有机会、还有希望，挑战和压力就会来临。压力不会降临到万念俱灰、不思进取的人身上，因为他们不会感到压力的存在；压力也不会为难了无生机、走向穷途末路的公司，因为对它们施压已经没有任何意义了。我们不能逃避压力，因为我们不能放弃自己，不能放弃每一个发展自我的机会，我们需要从压力中获得前进的动力。上司因为看重员工的潜力才对之不断施加压力，希望他能够在压力下快速成长。而员工也应当明白上司的苦心，化压力为动力，把危机感当成个人成长的信号。

查理到某大公司应聘部门经理，老板提出要有一个考察期。但没想到，他上班后被安排到基层商店去站柜台，做销售代表的工作。一开始，查理无法接受，但还是耐着性子坚持了三个月。后来，他认识到，自己对这个行业不熟悉，对这个公司也不十分了解。的确需要从基层工作做起，才可能全面了解公司、熟悉业务，何况自己拿的还是部门经理的工资呢。

虽然实际情况与自己最初的预期有很大的差距，但是查理懂得这是老板对自己的考验。他坚持下来了，三个月后，他全面承担起部门经理的职责，并且充分利用三个月基层的工作经验，带领团队取得了良好的业绩。半年后，公司经理调走了，他得以提升；一年以后，公司总裁另有任命，他被提升为总裁。在谈起往事时，他颇有感慨地说："当时忍辱负重地工作，心中有很多怨言。但是我知道老板是在考验我的忠诚度，于是坚持了下来，最终赢得了老板的信任。"

在企业中，当你发现一些人宛如"黑马"杀出，从一个很平凡的岗位突然提升到很重要的岗位。这时，你千万不要感到震惊。你不妨静下心来想一想：他在那个看似平凡的岗位上做了些什么？老板是不是经常把他放到基层去"折腾"？如果是的话，那么这种突然的提升便不是什么奇怪的事了。关键是你不要老盯着别人看，而要多想想你跟他的差距在哪里？你是否也面临过类似的机遇呢？如果下一次你也有机会被"折腾"，你又该怎么做呢？甚至可以这么说，你现在所做的工作是否也是一种"折腾"呢？只有把每一次工作机会都当成一次考验的机会，投入十分的热情，拥有绝对的忠诚，你才可能把每一份工作做好，从而得到别人的赏识。俗话说得好："机会只青睐有准备的人。"对于随时为这个"折腾"做好准备的人来说，老板又何尝不想给他一个机会呢？

怀才不遇，先检讨自己

如今，"怀才不遇"成了很多人为自己没有获得成功找的借口。他们普遍牢骚满腹，喜欢批评他人，有时也会显出一副抑郁不得志的样子。当然，这类人中有的的确是怀才不遇，由于客观环境无法与之适应，"虎落平阳被犬欺，龙困浅滩遭虾戏"。但为了生活，他们又不得不委屈自己，所以生活得十分痛苦。

这可能是时代造成的，但是现在是一个充满了机遇的时代，尽管有时出现千里马无缘遇伯乐的情况，但如果你真是一匹千里马，一次错过伯乐，应该还有第二次、第三次……很多人之所以与伯乐无缘，大部分原因是自己造成的。

有些人确实有才，但他们常自视清高，看不起那些能力和学历比较低的人，可如今的社会并不是你有才气就能成才。别人看不惯你的傲气，就会想办法排挤你。在职场中，你的上司，因为你的才干本来就会威胁到他的生存，如果你不适度收敛自己，生怕别人不知道你的才干，胡乱批评，乱说一气，那你的上司就会打压你。最后的结局就是，你慢慢变成了一位"怀才不遇"者。

还有一种怀才不遇者，他们其实就是一类自我膨胀的庸才，因为他们本身无能，别人当然无法重用他们，这可不是嫉妒他们。但他们并没有认识到自己没用，反倒认为自己怀才不遇，没人识才，于是到处发牢骚、吐苦水。不管是有才还是无才，怀才不遇者都是一种悲哀。怀才不遇，首先要检讨自己。

实际上，生活的基本原则都包含在最普通的日常生活经验中，同样，真正的机会也经常藏匿在看来并不重要的生活琐事中。问问你所遇见的任何 10 个人，为什么不能在他们所从事的行业中获得更大的成就，当中至少有 9 个人会告诉你，他们并未获得好机会。但事实上，不是没有好机会，只是他们没抓住。机遇往往藏身于细节之中，我们不能忽视任何一个细节。

当你开始有怀才不遇的抱怨时，要先从自身找原因。不妨看看这样几条建议：

1. 请别人来客观地评价自己

人应该有一个自我评价的能力，如果你怕自己评价自己不太客观，可以找个朋友或较熟的同事帮助你一起分析，如果别人的评价比你自我评价的结果要低，那你就要虚心接受。有些情况下，别人可能对我们了解得更准确、更深刻，那为何不接受他人的评价？

2. 检查一下自己的能力为何无法施展

是一时找不到合适的机会，还是受大环境的限制，还是人为的阻碍？如果是机会的原因，那就继续等待机会；如果是大环境的缘故，那就离开这一环境；如果是人为因素导致你无法施展自己的能力，你可与人诚恳沟通，并想想是否有得罪他人之处。

3. 亮出自己的其他专长

如果你有第二专长，可以要求他人给个机会试试，说不定又为你开辟了一条生路。

4. 营造一种更加和谐的人际关系

不要成为别人躲避的对象，应该以你的才干主动协助同事。但要记住，帮助别人时不要居功，否则会吓跑你的同事。此外，谦虚待人、广结善缘，将会为你带来意想不到的帮助。

5. 继续强化你的才干

也许你在某一方面有才，但可能由于才气不够，所以没能让人看出来。这种情况下，你就应该更加强化自己这方面的能力，只有当你的能力和展示的时机都已成熟时，你才会发出耀眼的光芒，这样别人自然会看到你。

相对于茫茫的大千世界，人类所具有的知识就如沧海一粟，是非常有限的，一个人又能知道多少呢？相对于古往今来的万千社会，个人能力只能是蝼蚁之力，但弱小的蚂蚁却能够依靠团结的力量撼动大树。那是集体的智慧，同时也是外部环境创造了机会，找到了撬动地球的支点。所以怀才不遇者，只不过是自己把蝼蚁之力当作了撬动世界支点的力量，于是乎目空一切，骄傲自大，总以为全世界都亏欠他的。等在现实面前碰了钉子后，就变得很消极，自己把自己沦落为"怀才不遇者"。

不管怎样，你最好不要成为一位怀才不遇者，勤恳地做好自己的事，即使是大材小用，也比没用要好。从小处开始，你也许有一天能得到大用。

敬业，才能成业

很多时候，我们可以为一个陌路人的点滴帮助而感激不尽，却无视朝夕相处的老板的种种恩惠。我们总是把公司、同事对自己的付出视为理所当然，还时常牢骚满腹、抱怨不止。而实际上在工作的过程中，我们要学会感恩，感谢你在这个公司的机会，感谢身旁的每一个人对你的帮助，感谢拥有一个好的环境。感恩是一种良好的心态，是一种奉献的精神，当你以一种感恩图报的心情工作时，你会工作得更愉快、更出色。

一位卓有成就的职业人士曾说："是一种感恩的心情改变了我的人生。当我清楚地意识到我无任何权力要求别人时，我对周围的点滴关怀都充满强烈的感恩之心。我竭力要回报他们，我竭力要让他们快乐。结果，我不仅工作得更加愉快，所获帮助也更多，工作更出色。我很快获得了公司加薪升职的机会。"

或许我们的每一份工作或每一个工作环境都无法尽善尽美。但每一份工作中都存有许多宝贵的经验和资源，如失败的沮丧、自我成长的喜悦、温馨的工作伙伴、值得感谢的客户等，这些都是工作成功必须学习的感受和必须具备的财富。如果你能每天怀着一颗感恩的心情去工作，在工作中始终牢记"拥有一份工作，就要懂得感恩"的道理，你一定会收获许多。如果你能带着一种从容坦然、喜悦的感恩心情工作，你会获取更大的成功。

懂得感恩的人有一种深刻的认识，你的工作岗位为你提供了一个广阔的发展空间，也为你提供了施展才华的场所，对于工作，你要心存感激，并力图回报。

于小林是一著名企业的销售人员，在进入这家知名的企业后，于小林很努力地去完成老板交给他的每一项任务，在别人都抱怨老板苛刻或者工作压力大的时候，于小林总是默默无闻地做好自己的工作，他总是将别人不愿意做的活接过来自己做，再苦再难，他都不抱怨，别人都说傻，他却说："实际上能够进这家公司都很不容易了，多干点也没事。"他很珍惜他的这次机会，从心里一直感谢老板的赏识，他在向别人请教的时候，别人能够耐心地告诉他，他已经感到很满足了。怀着这种对生活的感激之情，于小林没有过多的抱怨，不断地跑业务，他的业绩在他熟悉了各个项目的时候也得到不断提升。由于于小林一直怀着一颗感恩的心，所以他觉得自己要对得起生活的赠予，也正是因为这样，五个月之后他便升任部门经理。他在感言中说道："谢谢生活的给予，我很感激每一次拥有的机会，很感激给予我机会的每一个人，我会坚持做到更好！"

感恩你的工作，全心全意、不留余力地让自己的工作做到完美，完成你的任务，同时注重提高效率，多替你的公司的发展规划构思设想。

当遭遇到不公平待遇时，相信这只是公司管理阶层的暂时失误，甚至是公司对你的检测和考验。在公司面临暂时的经济困难时，想办法帮助其渡过难关。感恩不仅对你的上司或老板有益，对其他人也同样有益。通过感恩，你会发现，感恩是内心情感的自然流露，它使你更积极，更有活力。

在忙忙碌碌的生活中，勿忘身边的人、上司、同事，对他们心中充满感激，并表达自己的谢意，以良好的工作回报他们，怀抱着感恩的心去工作、去生活。

良好的心态能帮助我们正确对待工作中的挫折和失败。没有哪个人天生喜欢批评和指责，所以，如因工作不顺或业绩不佳，成为上司发泄愤怒的"受气包"，对任何人来说这种体验都是痛苦和可怕的。既然如此，何必将不满的情绪写在脸上，表现得不卑不亢才能令你看起来更有自信、更值得别人敬重，别人会了解你是一个谦虚的人，能够经得起挫折。

正如法国伟大的思想家卢梭所言：忍耐是痛苦的，但它的果实却是甜蜜的。我们对待工作中的委屈应该用感恩的心态，感恩工作中的苦涩，让我们获得心灵的超越。

先有危机感，才有存在感

我们经常会感受到工作的压力，我们该如何应对呢？美国鲍尔教授说："人们在感受工作中的压力时，与其试图通过放松的技巧来应付压力，不如激励自己去面对压力。"压力对于每一个人都有一种很特别的感觉。的确，人人都会本能地想摆脱压力，但往往都不能如愿！

一个人的惰性与生存所形成的矛盾会是压力，一个人的欲望与来自社会各方面的冲突会是压力。说通俗一些，就是人生的各个阶段都有压力：读书有压力，上班有压力，做老百姓有压力，做领导干部也有压力。总之，压力无处不在！

压力是好事还是坏事？科学家认为：人是需要激情、紧张和压力的。如果没有既甜蜜又有痛苦的冒险滋味的"滋养"，人的机体就无法存在。对这些情感的体验有时就像药物和毒品一样让人上瘾，适度的压力可以激发人的免疫力，从而延长人的寿命。试验表明，如果将人关进隔离室内，即使让他感觉非常舒服，但没有任何情感体验，他很快会发疯。压力带给你的感觉不仅仅是痛苦和沉重，它也能激发你的斗志和内在的激情，使你兴奋，使你的潜能得到开发。

体育比赛的压力是大家都有目共睹的，正是因为压力大，才有了世界纪录的频频被打破。企业工作业绩的压力也是很大的，然而正是激励的竞争机制才有了飞速发展的企业和层出不穷的人才。

压力不仅能激发斗志，还能创造奇迹。据说有一条非常危险的山路，是人们外出的必经之路，多少年来，从未出过任何事故。原因是每一个经过的人都必须挑着担子才能通行。可是奇怪的是，人们空着手走尚且很危险的一条狭窄的小路，一边是陡峻的山崖，一边是无底的深渊，而挑着担子反能顺利通过。那是因为挑着担的心不敢有丝毫松懈，全部精力和心思都集中在此，所以，多少年来，这里都是安全的，这正是压力的效应。相反，没有压力的生活会使人生活得没有滋味。

试想，如果不管你是多么努力，所有的学生都是一样的考分，所有的员工都是一样的工资，那还会有谁愿意继续努力？人人就只会混日子过，变得越来越懒散，激情也将消失殆尽，更严重的可能使社会也停滞不前。

但压力又不能太大，大得难以承受，人就会被压垮的。

有一个刚毕业的研究生找工作屡屡受挫，始终找不到自己满意的工作。最后一次因面试感觉不好，回到家越想越绝望，结果跳楼自杀了。当录取电话打过来时，他已离去很多日子，原因是，他是村里唯一一个硕士，家里人一直对他抱有很大的期望，找不到满意的工作就是对不住父母的养育之恩，所以他无法承受这样的压力，于是选择了永不面对。

压力不能没有，压力不能过大，而压力又无法摆脱。是的，生活就是这样，充满着矛盾，我们只能去选择适应生活和改变自己。当你没有了激情，懒懒散散，那就给自己加压，定下一个目标，限期完成；当你感到压力使你心身疲惫，都快成机器了，你不妨化压力为奋斗的激情。

一个对自己充满激情的人，无论他目前的境况如何，从事什么工作，他都会认为自己所从事的工作是世界上最神圣、最崇高的职业；无论工作是多么的困难，或是质量要求多么高，他都会始终一丝不苟、不急不躁地去完成它。

我们每个人都逃脱不了生活的罗网，不管扮演什么样的社会角色，你都要努力认真地去生活和工作。所以，我们的生命需要热情的感染。

别人对你的折磨，正是你需要学习的功课

也许目前，你正遭受上司的折磨，为此，你恨得牙痒痒的。但是，如果你一直停留在恨的状态上，那你绝不会获得成长。只有学会体谅上司，你才能在未来有升职的机会。

换个角度看上司，是为了让我们可以认清上司的责任和使命，体谅上司所承受的痛苦和压力，站在企业和上司的立场上考虑问题。这样，我们不仅能够成为一名优秀的员工，还可能成为一名优秀的上司。

工作中，下属轻视上司主要分为下列两种情形：

第一种情形是，一旦某位职员在公司起了很大作用，他就会变得自以为是。譬如顺利完成了一个大订单，为公司挽回了重大的损失等，他们会想："如果没有我，公司不知道会变成什么样。"

第二种情形是，当下属处于事业的低潮，譬如没有完成业务指标，或者因个人工作问题遭到上司的批评责备，他们的内心会充满挫折感和委屈，于是，就会对那些批评他的人心存怨恨。"上司有什么了不起，将我放在那个位置上，我一样能做好。"

　　无论是哪一种情况，都不是一种正确的心态。他们被私欲蒙住了眼睛，看不到上司所付出的代价和努力，看不到做一名优秀的管理者所必须付出的艰辛。

　　事实上，作为一名上司，其工作性质与员工有很大不同。他必须思考公司整体的发展战略，他必须对每一个重大的决策进行规划，这些工作表面上看没什么大不了的，但需要长时间的知识和经验的积累。维持一家公司的正常运行，是一个相当复杂的过程，并不是我们所看到的那么简单，他必须具备许多非凡的能力：

　　1. 强烈的成就感，这类人追求卓越的成就感的愿望很强烈。

　　2. 良好的整合能力，这类人具备不错的逻辑思维能力，能把各种纷繁的信息整合起来，作出准确的判断。

　　3. 良好的承受力和持久力，这类人承受压力的能力强，勇于面临各种打击，不轻言放弃。

　　4. 良好的团队组织能力，这类人有天生的领导力，善于调动团队整体积极性。

　　退一步说，如果上司真的是很轻松、很悠闲，这并不意味着任何人做了上司都会很轻松，现在的轻松也许是以前辛苦的结果——只是你没有看到上司以前所付出的努力。一旦公司业务进入成熟稳定期，与那些整天疲于奔命的业务员相比，上司的轻松也是理所当然的。

李华源是一名业绩出众的营销经理，看到上司每天坐在办公室里，而业务人员四处奔波，使得公司财源滚滚，他内心颇有些不平，于是产生了自己创业的念头。几经筹措终于将公司开起来了，结果如何呢？他发现无论是业务，还是管理都并非自己想象中那么简单。

当然，我们并不否定个人创业，这是一种十分可贵的职业精神，但我们必须明白，做上司是一件复杂而且辛苦的事情，做下属时能够认识到这一点，并且给上司更多的体谅，未来才有可能做好上司。

学会体谅你的上司吧，接受上司的折磨，你就会更快成长起来，为未来的成功添砖加瓦。

演好你的"路人甲"

很多人都埋怨自己工作辛苦，埋怨老板和上司对自己的折磨，殊不知，唯有折磨才能使你不断超越自我、不断进步。

一个人不但要接受他所希望发生的事情，而且还要学会接受他所不希望发生的事情。要适应现实，接受任何不可改变的事实，心平气和，以平常心面对周围所发生的一切，而不是唉声叹气，自寻烦恼，更不要企求社会来适应你，奢望世界为你一人而改变，这是不可能实现的空想。在困难面前，如果你能承受折磨，你将会赢得长足发展；如果你不能忍受，那么等待你的也许就是被社会淘汰。

上海某高校计算机系的学生付磊毕业后如愿进了一个颇有名气的软件开发公司，本以为可以用上往日在学校里学习积累起来的编程技术，在公司一展身手，出人头地。可万万没想到，就在他工作 3 个月后，上司竟突然让他负责计算机病毒的防治工作，这与他在学校里所关注和学习的内容有很大的差别。开始，他产生了消极情绪，怎么办呢？经过沉思后，他想通了，只有面对现实，于是又拿起了病毒方面的书籍，开始学习新的知识来适应现在的环境。渐渐地，他竟然喜欢上了反病毒这个行业，且很快就开发了一个全新的反病毒软件，给公司带来了可观的收入。

当我们面对不如意的事情时，当我们面对现实和理想的冲突时，唯有面对现实，适应现实，克服困难，奋发图强，才可做一个勇往直前的成功者。

如果我们没能学会面对、适应现实，而是逃避现实的话，我们将因经不起考验而被现实所淘汰，成功也将与我们擦肩而过。

刘梓骁毕业后被分配到某研究所，终日做些整理资料的工作，时间一久，觉得这样的工作索然寡味。恰好机会来了，一个海上油田钻井队来他们研究所要人，到海上工作是他从小就有的梦想。领导也觉得他这样的专业人才待在研究所光整理资料太可惜，所以批准他去海上油田钻井队工作。在海上工作的第一天，领班要求他在限定的时间内登上几十米高的钻井架，把一个包装好的漂亮盒子送到最顶层的主管手里。他拿着盒子快步登上高高的、狭窄的舷梯，气喘吁吁、满头是汗地登上顶层，把盒子交给主管。主管只在上面签下自己的名字，就让他送回去。他又快跑下舷梯，把盒子交给领班，领班也同样在上面签下自己的名字，让他再送给主管。

他看了看领班，犹豫了一下，又转身登上舷梯。当他第二次登上顶层把盒子交给主管时，浑身是汗，两腿发颤，主管却和上次一样，在盒子上签下名字，让他把盒子再送回去。他擦擦脸上的汗水，转身走向舷梯，把盒子送下来，领班签完字，让他再送上去。

这时他有些愤怒了，他看看领班平静的脸，尽力忍着不发作，又拿起盒子艰难地一个台阶一个台阶地往上爬。当他上到最顶层时，浑身上下都湿透了，他第三次把盒子递给主管，主管看着他，傲慢地说："把盒子打开。"他撕开外面的包装纸，打开盒子，里面是两个玻璃罐，一罐咖啡，一罐咖啡伴侣。他愤怒地抬起头，双眼喷着怒火，射向主管。

主管又对他说："把咖啡冲上。"刘梓骁再也忍不住了，"叭"的一下把盒子扔在地上："我不干了！"说完，他看看倒在地上的盒子，感到心里痛快了许多，刚才的愤怒全释放出来了。

这时，这位傲慢的主管站起身来，直视着他说："刚才让你做的这些，叫作承受极限训练，因为我们在海上作业，随时会遇到危险，要求队员身上一定要有极强的承受力，承受各种危险的考验，才能完成海上作业任务。可惜，前面三次你都通过了，只差最后一点点，你没有喝到自己冲的甜咖啡。现在，你可以走了。"

刘梓骁可能自己也没有想到，领导和主管对自己的折磨是一种考验，更是一种锻炼，经过这些考验之后，你的能力和意志力都会得到极大的提高。经受住各种考验，多用心、多忍耐，你就会获得更大的提高。

优秀的人有目标，平庸的人只有愿望

人的一生要想走向成功，就要有自己的目标，如果没有目标，便犹如大海上没有舵的帆船或看不到灯塔的航船，就会在暴风雨里茫然不知所措，以致迷失方向。无论怎样奋力航行，终究无法到达彼岸，甚至船破舟沉。

现实生活中有一种人，天资聪慧，后天又接受了良好的家庭熏陶和学校教育，但忙碌一生却一事无成，这样的"怀才不遇"不得不令人困惑。其实，他们难以成功的原因也很简单：因为他们没有目标，导致人生的航船迷失了方向，所有的才华也都没有了发挥的空间和渠道。

古罗马哲学家塞涅卡有句名言说："如果一个人活着不知道他要驶向哪个码头，那么任何风都不会是顺风。有人活着没有任何目标，他们在世间行走，就像河中的一棵小草，他们不是行走，而是随波逐流。"

在生活的海洋中，要想做一个成功的舵手，首先要确立明确的人生目标。人生没有明确的目标，生活就会盲目漂移，做事就没有方向感，从而敷衍了事，临时凑合，也就失去了责任感。没有目标，英雄便无用武之地。

有一个 25 岁的小伙子，大学期间表现一直非常优秀，成绩优异，同时又具有很强的组织能力，人际关系也不错，但是大学毕业之后他换了好几份工作，对自己的生活依然很不满意，于是他跑来向管理大师柯维咨询。他期待能找到一份称心如意的工作，改善自己的生活处境。

"那么，你到底想做点什么呢？"柯维问。

"我也说不太清楚，"年轻人犹豫不决地说，"我还从没有考虑过这个问题。我只知道我的目标不是现在的这个样子。"

"那么你的爱好和特长是什么呢？"柯维接着问，"对于你来说，最重要的是什么？"

"我也不知道，"年轻人回答说，"这一点我也没有仔细考虑过。"

"如果让你选择，你想做什么呢？你真正想做的是什么？"柯维对这个话题穷追不舍。

"我真的说不准，"年轻人困惑地说，"我真的不知道我究竟喜欢什么，我从没有仔细考虑过这个问题，我想我确实应该好好考虑考虑了。"

"那么，你看看这里吧，"柯维说，"你想离开你现在所在的位置，到其他地方去。但是，你不知道你想去哪里，你不知道你喜欢做什么，也不知道你到底能做什么。如果你真的想做点什么的话，那么，现在你必须拿定主意。"

柯维和年轻人一起进行了彻底的分析。柯维对这个年轻人的能力进行了测试，他发现这个年轻人对自己所具备的才能并没有充分的了解。柯维知道，对每一个人来说，才能是不可缺少的，但更重要的是施展才能的空间，然而只有明确了奋斗目标，才知道自己要朝着哪个方向努力。

接下来，柯维帮助这个年轻人认真分析了他的优势和缺点，然后启迪他去发现自己的人生理想，并帮他制订了详尽的工作计划。这位年轻人满怀信心地踏上了成功的征途。现在，他已经知道他到底想干什么，知道他应该怎么做。他懂得怎样才能事半功倍，他期待着收获，他也一定能获得成功——因为没有什么困难能挡住他对实现目标的渴望。

目标引领人生，没有目标的人生是可悲的，时光只会在漫不经心中白白流逝，即使你拥有令人仰望的才华，即使你一天到晚忙得满头大汗，但如果不知道自己的终点在何方，那么你所有的忙碌都只是虚度，满腹才华也不会有用武之地，到最后你仍然会一无所成而受人怜悯。

认为自己怀才不遇的人，都是不甘做平庸之辈的人。想要真正地脱离平庸，最关键的在于对自己的未来有一个清晰的目标，这样才能充分发挥自己的智慧。

在现实生活中，有很多资质平庸的人不甘平凡。这是一个有积极心态的人不容回避的问题。不是每个人都能过得轰轰烈烈，但是我们可以尽力将自己的人生过得更加精彩一些。我们不懈地追求正是和平庸不断作战的过程。我们想要成功，就要积极思考，不断上进。和平庸作战，正是我们生活的主旋律。

一个人之所以成功，首先在于他有一个明确的目标。有才华的人规划人生，确定目标是首要问题。可以说，确立目标是怀才有遇的第一步。

被解雇也许是你碰到过的最好的事

很多时候，艰难挫折并不足以将我们击倒，可是我们自己却首先撑不住，倒下了。如果我们不计较得失与成败，而是以一种良好的心态去面对，坏事也能变成好事。

在人的一生中，每个人都不能保证工作顺利，被解雇是一件很正常的事，面对失业，很多人往往是痛苦不堪，为失去工作而烦恼。其实，被解雇不一定是坏事，对于无法预知的未来，谁都不能肯定地说，当下发生的这件事是好还是坏，说不定被解雇也许是你碰到过的最好的事。只要树立信心，便能重新找到施展才华的舞台。

史蒂夫·乔布斯是在被苹果公司开除后，创立了一家名叫NeXT 的公司和一家叫 Pixar 的公司，Pixar 制作了世界上第一部用电脑制作的动画电影《玩具总动员》，并成为全世界最成功的动画工作室。后来在一系列机缘巧合之下，苹果公司收购了 NeXT，乔布斯又重回苹果公司，而他在 NeXT 开发的技术成了今天苹果公司复兴的关键。并且乔布斯还遇到了他心爱的女孩，和她组建了幸福的家庭。乔布斯说："被苹果公司解雇可能是我这辈子发生的最好的事情。"

不仅仅是乔布斯，有很多人正是由于被解雇才使自己获得了更大的发展空间。

这一天，一位中年人像往常一样，拎着心爱的公文包去公司上班。在二十几年的职业生涯中，他勤勤恳恳、兢兢业业，才升到部门经理的位置上，其中充满了艰辛困苦。他只要再这样工作几年，就可以安安稳稳地拿到退休金了。可是，他万万没有想到，这将是他在公司工作的最后一天。

"你被解雇了！"

"为什么？我犯了什么错？"他惊讶、疑惑地问。

"不，你没有过错，公司发展不景气，董事会决定裁员，仅此而已。"

是的，仅此而已。他在一夜之间，从一名受人尊敬的公司经理成了一名在街上流浪的失业者。

和所有的失业者一样，繁重的家庭开支迫使他必须找到生活来源。他的精神几乎承受不了这样的打击，他有时在街头呆坐，看着来来往往的人群，脑中一片空白。

有一天，他遇到了自己的一位朋友，这个朋友和他一样是经理，现在也同样遭到解雇的命运。两个人互相安慰，一起寻求解决的办法。

"为什么我们不自己创办一家公司呢？"

这个念头像火苗一样，在他心中一闪，点燃了他压抑在心中的激情和梦想。于是，两个人就开始策划建立家居仓储公司，两位失业的经理为企业制定了一份发展规划和一个"拥有最低价格、最优选择、最好服务"的制胜理念，并制定出使这一优秀理念在企业发展中得以成功实践的一套管理制度；然后，就开始着手创办企业。

他们创办的就是后来拥有极高知名度的"宜家"家居仓储公司。如今他们的公司已经成为拥有 775 家店、16 万名员工、年销售额 300 亿美元的世界 500 强企业。

奇迹始于 20 年前的一句话：你被解雇了！

是的，"你被解雇了"是我们在人生旅途中最不愿听到的一句话，但正是这句话，改变了上述两个人的一生。如果不是被解雇，他们无论如何也不会想到要创办自己的公司；如果不是被解雇，他们无论如何也不会跻身世界500强！如果不是被解雇，他们俩现在只是靠领退休金度日的垂暮老人。

挫折是一把双刃剑，能把弱者削平，也能造就一个千锤百炼的强者。

当挫败来临时，用雪莱的诗勉励自己："冬天来了，春天还会远吗？"只要我们能重燃信心之火，就能找到崛起的机会。失败不代表人生的终结，它或许就是下一次成功的开启之门，关键在于你有没有勇气站起来推开它。

其实，路就在脚下。被解雇了，不用去计较太多，走过去，前面也许有更光明的一片天在等着我们。也许换一个地方，会有更好的明天，树挪死，人挪活，只有多挪几步，才能知道哪里是自己最佳的生存空间。所以，只要摆正心态面对，就会看到更美的风景。

在我们的人生旅途中，像"被解雇"这样的挫折纷繁多样：被批评、落聘、分手、离婚、破产……虽然每个人遇到的困难和挫折不尽相同，但是每个人都会遇到，既然是不可避免的，我们何不以积极向上的心态去看待，把每一个坎坷与挫折都看作是我们前进的阶梯？摆正心态，不去计较是与非，解脱自己，我们就可以顺利过渡到下一个全新的人生阶段。

第七章

余生很长，何必慌张

梦想虽昂贵，我倾囊而往

在追求梦想的道路上，要时刻提醒自己：做事的时候不要一味地贪多求快，凡是真正成大事者，都会戒骄戒躁。只有坚持不懈，梦想才不再遥远。

坚持就是胜利，所有人都懂得这个道理，但是要真正做到并不容易。始终记着心中的目标，坚持就不再是盲目的举动。古人云"不积跬步，无以至千里；不积小流，无以成江海"，坚持不懈地努力，最终会换来丰硕的果实。

1882 年，26 岁的考拉尔来到英国斯特林镇的一所学校当教师。他热爱读书，一次，他想在学校附近买几本书，结果却发现整个斯特林镇都找不到一家书店。

考拉尔想："为什么我不能自己开一家书店呢？这样，我能够在赚钱的同时，还能读到自己喜欢的书。"想到这里，考拉尔开始行动了。

经过一番忙碌，一家名叫"思想者"的书店正式开张营业了。

可是，书店的生意并不好，因为镇上的人都没有读书的习惯。一连几个月下去，书店基本上可以说是门可罗雀。考拉尔想："生意刚开始时都是难做的。只要我能够坚持到底，迟早会做起来的。即便真的做不起来，我就当这些书是自己的藏书算了。"

就这样，考拉尔在困境中坚持了下来。

可是，书店的生意越来越差。幸好考拉尔和妻子都有一份稳定的工作，他们将自己的收入几乎全补贴在了书店上，可依然入不敷出。这时，身边的朋友们都劝考拉尔干脆把书店关了算了，既然赔钱，干吗还要开下去。这个时候，考拉尔的思想已经发生了转变，他由最初的单纯经营转变成为弘扬文化而经营。他坚定地说："对于一个城市来说，书店是城市文明的象征，它能够带给人们知识和力量。不管书店生意如何，我都决定坚持下去。"

此后，即使遇到了金融危机，遭遇了两次世界大战，考拉尔的书店依旧照常营业。当初的斯特林镇也变成了斯特林市。

1948 年，92 岁高龄的考拉尔走到了生命的尽头，临终前，考拉尔告诉自己的子孙，以后不管时代如何变迁，书店都要一直开下去。

2004 年，斯特林市参加了全球 50 个文明城市的竞选，在激烈的竞争中，斯特林市得分落后，眼看就要落选了。这时，有人向市长提到了存在了上百年的"思想者"书店。这个建议让市长眼前一亮。当他把"思想者"的牌子打出去后，"百年老店"的坚守精神让斯特林市得到了更多人的尊重。评选结束后，斯特林市不但入选，名次还排在前十位。

一时间，考拉尔的"思想者"书店名扬四海，很多慕名而来的人被考拉尔的精神所感动。就这样，"思想者"书店不但成为了当地最著名的旅游景点，还成为了当地销售额最高的书店。现在每年的销售额已经达到了几百万美元。

2006 年，考拉尔的后人接手了书店。他对书店 100 多年的经营做了详细的分析，结果发现，在考拉尔经营的 66 年里，书店有 9 年在赚钱，17 年持平，其余的 40 年都一直处于亏损状态。

对此，考拉尔的后人动情地说："面对这样的经营情况，我不知道世界上有几个人能够坚持 66 年。我无法想象我的祖先是如何度过那段岁月的。在那个年代，他绝不会想到书店能带来如此巨额的利润。事实上，他只是在一个思想贫瘠的时代，为文明而苦苦坚守。"

如今，"思想者"书店为考拉尔家族带来了数不尽的金钱与荣誉，但这一切，都源于考拉尔最初的坚持。其实，人生中有许多时候都是需要坚持的。谁坚持到最后，谁就能赢得胜利。许多伟大的成就都是坚持的结果。不管未来多么遥远，前方的道路多么坎坷，只有坚持到底，才能获得胜利。

做事不仅要"身入"，更要"心入"

做事不仅要有行动，更要有心，能沉得下去、深得下去，全身心地投入才能够做好事、成大事。

成功需要一种"掘井及泉"的踏实精神。浮躁的人，即便坐下来，也是心猿意马，不求甚解，这样自然就无法做出成果。做事只有深入实际，才能发现问题；也只有深入实际，才能做出成果。然而浮躁者，往往只能"身入"而不能"心入"，就像井里的葫芦，看起来沉下去了，实际还浮在水面上。要把事做好，就要有一股一抓到底的狠劲和百折不挠的韧劲，不解决问题不罢休，不做出成果不撒手。

袁隆平被誉为"杂交水稻之父"，并于 2009 年当选为新中国成立以来最具影响劳模。是什么促成这位杂交水稻专家不断走向成功的呢？可以说，严谨认真的工作精神是他得以成功不可或缺的元素。

1953 年夏，袁隆平结束了大学学习生活，被分配到湖南省偏僻的安江农校任教，开始了他长达 19 个春秋的教学生涯。1954年，他教普通植物学。他下苦功，从构成植物体的最小单位——细胞的构造开始，到根、茎、叶、花、果的外部形态，植物的生物学特性及其遗传特性，等等，进行系统的学习研究。为了在显微镜下观察细胞壁、细胞质、细胞核的微观构造，他刻苦磨炼徒手切片技术。几百次、上千次，一直到能在显微镜下得到满意的观察结果为止。

在每次给学生备课的过程中，他经常提出各种问题自考自答。他走出课堂，来到田间地头，从实践中找答案。他深有体会地说："即使浅显的问题，如果教师本身钻得不深不透，也不可能把课讲好！"

杂交水稻的研制成功更是浸透了他严谨治学的精神。因为水稻是雌雄同花的作物，难以一朵一朵地去掉雄花搞杂交。这样就需要培育出一个雄花不育的稻株，即雄性不育系，然后才能与其他品种杂交。这是一个世界难题。袁隆平知难而进，他认为，雄性不育系的原始亲本，是一株自然突变的雄性不育株，也能天然存在。中国有众多的野生稻和栽培稻品种，一定蕴藏着丰富的种子资源。

于是，袁隆平迈开了双腿，走进了水稻的莽莽绿海，去寻找这从未见过、而且中外数据没见过报道的水稻雄性不育株。时间一天天过去，袁隆平头顶烈日，脚踩烂泥，驼背弯腰地、一穗一穗地观察寻找。面对这几乎不可能完成的任务，袁隆平凭着认真严谨的工作精神，终于在第 14 天发现了一株雄花花药不开裂、性状奇特的植株。

在水稻研究方面，袁隆平的要求更是一丝不苟。跟随他 40 年的助手尹华奇举了个小例子：一个组合几粒种子如果要播成两排，怎么播呢？要是偶数好办，平均分布；如果是奇数，多出的一粒种子，袁隆平要求不可以放左边也不可以放右边，一定要放中间，以保证密度一致，缩小实验误差，达到实验结果的去伪存真。尹华奇说，袁老师不仅这么要求，还要检查。一年做一万多组，都要求极其严格。

到了 20 世纪 70 年代，中国通过对杂交水稻的成功研究，最终将水稻亩产从 300 公斤提高到了 800 公斤，并推广 2.3 亿多亩，增产 200 多亿公斤。这些成就不能不归功于袁隆平。

袁隆平院士为中国、为人类作出的巨大贡献，与他严谨认真的治学精神是分不开的。袁隆平身上所体现的，是一种严谨认真的工作态度和科学精神。他不仅一心扑在学科研究上，而且还深入田间地头，反复实验，身心并用，数十年如一日。在他身上我们看不出一点浮躁和马虎的影子。不信笔、不虚言，不纵情、不任性，忠于事实和资料；慎于旁骛，绝不苟免，勤于权衡，绝不偏执；板凳能坐十年冷，文章不写半句空，就是这位著名科学家工作和治学的最高境界。我们应当拒绝浮躁，学习袁隆平院士这种"身入""心入"的工作态度。

多少原本美好的生活，到头来却输给了懒惰

成功 =99％的汗水 +1％的灵感。

这是大发明家爱迪生告诉世人的成功公式，这位一生都在努

力工作的"发明大王",用 2000 多项发明向全世界做了诠释。

切实的努力是获得成功的最好捷径,当你问及每一位成功者的秘诀是什么时,他们都会有相同的一个答案:总是比别人更努力,并且千方百计地做到最好。人生中任何一种成功的获得,都始于勤并且成于勤,与其整日幻想、算计,不如扎扎实实地做出成绩,最终成功就会走向你。

阎若璩是清朝著名的考据学家。他从小口吃,脑子笨拙,理解力也很差。他 6 岁上学时,老师教过一篇课文,同学们读上几遍就能背诵,但阎若璩读了几百遍还背不下来,因此常常挨板子。阎若璩虽然经常受皮肉之苦,但是始终没有放弃努力。他相信只要自己比别人更用心、更勤奋,就一定能够赶上同学。晚上放学回家,吃过晚饭后,他就在灯下十遍百遍地读书,一定要把当天所学的课文背下来才睡觉。就这样,天赋较差的阎若璩不但赶上了同学,还慢慢地超过了他们。15 岁那年,阎若璩已经读了很多书。为了把读过的书彻底弄清楚,他对书中的疑难问题逐字逐句地进行考证注释,并用小字写在书的边上。凭借自己的勤奋和努力,他慢慢地摸索出一套考据学理论,成为了一位非常有名的考据学家。

阎若璩的故事告诉我们:勤奋比聪明更重要。一个人只有真正投入进去,抛开名利得失,达到一种忘我甚至狂热的境界,才能有所作为。

现实生活中,我们都有梦想,都渴望成功,都想寻找一条捷径让自己平步青云。但捷径不是每个人都能找到的，只有用心做事、勤奋耕耘才是正道。

人生很难有永远的依靠，靠人不如靠自己。在这个竞争的社会里，不存在长期的保单，机遇留给有准备、有实力的人，沉住气，用自己勤劳的双手与聪明的大脑经营事业与人生，才是最有效的捷径。

很久以前，有个叫阿松的人，他的心愿是成为一个大富翁。阿松觉得成为富翁的捷径便是学会炼金术，于是他把全部的时间、精力都用于研究炼金术。几年后，他花光了自己的全部积蓄，家中变得一贫如洗，连饭都吃不上，但阿松还痴迷于炼金术的研究。

阿松的妻子跑回娘家诉苦。她父母决定帮助女婿改掉恶习，便让阿松前来相见。岳父母对阿松说："我们已经掌握了炼金术，只是现在还缺少一样炼金的东西。"

"快告诉我，还缺少什么？"阿松急切地问。

"我们需要5公斤从香蕉叶下收集起来的白绒毛，这些白绒毛必须是你自己种植的香蕉树上的。等到收齐白绒毛后，我们就可以炼出金子来了。"

阿松回家后，立刻在已经荒废多年的土地里种上了香蕉。为了尽快凑齐白绒毛，他除了种自己家以前就有的地外，还开垦了大量的荒地。当香蕉成熟，他小心翼翼地从每片香蕉叶下收集白绒毛，而他的妻子和儿女则抬着一串串香蕉到市场上去卖。就这样，10年过去了，阿松终于收集到5公斤白绒毛。

一天，阿松一脸兴奋地拿着白绒毛来到岳父母家里，向岳父母讨要炼金术。

岳父母指着院中的一间房子说："去把那边的房门打开看看吧！"

阿松打开那扇门，他看到房子里全是黄金，妻子和儿女都站在屋中。妻子告诉他，这些黄金都是他这10年里所种的香蕉换来的。面对着满屋金光闪闪的黄金，阿松恍然大悟。从此以后，他更加用心、勤奋地劳作，终于成了远近闻名的大富翁。

世界上哪有炼金术，真正能够炼出金子来的是自己勤劳的双手。阿松用10年的努力，不仅收获了一屋子的黄金，而且收获了"勤能补拙是良训，一分辛苦一分才"的道理。

有一位哲人曾说过："世界上能登上金字塔顶的生物只有两种：一种是鹰，一种是蜗牛。不管是天资奇佳的鹰，还是资质平庸的蜗牛，能登上塔尖，极目四望，俯视万里，都离不开两个字——勤奋。"缺少勤奋的精神，哪怕是天资奇佳的雄鹰也只能空振双翅；有了勤奋的精神，哪怕是行动迟缓的蜗牛也能雄踞塔顶。

天道酬勤。人生的收获不是上天的恩赐，也不是依靠幸运就能得到的，而是通过实实在在的努力所得。对于成功来说，环境、机遇、天赋、学识等外部因素固然重要，但更重要的是自身的勤奋与努力。一分耕耘，一分收获，投入更多的汗水，才能换来更大的收获；你付出得越多，你才越有可能成功。

那些你以为走不下去的路，咬咬牙也就过去了

认真、拼命、努力工作，这些看似平凡的行为，却是我们成功的真谛。正如龟兔赛跑当中那只傻傻的乌龟，明知道以自己的速度根本赢不了矫步如飞的兔子，可就是硬凭着一股子傻劲一步一步地"跑"在了兔子前面。我们小时候唱的儿歌《蜗牛和黄鹂鸟》，蜗牛背着重重的壳一步一步地往葡萄树上爬，黄鹂鸟嘲笑它："葡萄成熟还早得很呢，现在上来干什么？"蜗牛傻傻地答道："黄鹂鸟儿啊你不要笑，等我爬上去葡萄也就成熟了。"

我们身边一定有这样的例子。有的人认真学习能得到 80 分，有的人头脑聪明却不好好学，但也能拿到 60 分。后者说前者是个"只知道傻读书的呆子"，"我要是认真读书，拿 100 分也不在话下"。

可是，在实际工作和生活中，能取得成功并不是只凭聪明，那些天生愚笨却能凭着一股傻劲拼命努力、硬是克服困难、硬是战胜了挑战的人，也大多都获得了成功。

2007 年一部叫作《士兵突击》的电视剧占据了中国各大电视台的黄金强档，有一个叫作"许三多"的士兵走进了人们的心

田。《士兵突击》就是讲述这个叫作许三多的农家娃子是怎样用一股傻劲儿成长为兵王的故事。

许三多有很多外号，"许木木""许三呆"，因为所有接触过他的人，班长、连长、战友，都觉得这个人实在是太傻了。确实，许三多很傻，傻到连向后转都会拧着腿，傻到他的连长只拿他当半个兵看。

因为新兵训练表现不好，他被分到了五班。这个班在远离人烟的地方驻守着重要管道，这个班被称为"孬兵的天堂"，这里都是即将退役的老兵，仅有几个人的五班每个人都做一天和尚撞一天钟，没有人再重视训练和纪律了。只有许三多，傻乎乎地不在乎新战友的眼光，一个人在草原上踢正步，一个人坚持着早起、训练和打扫；因为班长老马的一句话，他就在驻地的空地上硬是用石头修成了一条路。正是这样的傻劲儿感动了团长，团长才让他进了响当当的钢七连。

在钢七连里，许三多并不招人待见，身为坦克兵的他竟然晕车，大大拖累了他所在的三班的成绩。为了治好他这个晕车的毛病，三班长史今建议他练习腹部绕杠。当时，腹部绕杠这样的技能是七连人人都会的，可是许三多却连单杠都爬不上去。在大家的帮助下，他终于能够做 27 个腹部绕杠了。后来，三班长为了改变连长对他"半个兵"的看法，让平时最多只能做 27 个腹部绕杠的他做 50 个。连长不相信这"半个兵"能战胜自己，答应只要他做到 50 个就把三班失去的先进集体还给他们。

就这样，许三多在单杠上如上了发条一样不停地绕着，早就超过了 50 个了，班长告诉他，还差得远呢，他就继续做，一直做了 333 个，打破了全连的纪录！战友、班长都被他的意志打动了，连长也因此改变了对他的看法。

后来，他还凭着这股傻劲儿在改编后的钢七连坚守了半年的营房；凭着这股傻劲儿，在特种兵的训练演习中，他穿越一次又一次精心设计的圈套，经历一次又一次残忍的折磨，从高空跌下时还依然保持着战斗的状态。

许三多的傻劲儿，不是愚笨，而是一种坚持，是执着、是认真、是奋进、是乐观，用钢七连的话说就是"不抛弃，不放弃"。

许三多说，好好活就是做有意义的事；有意义的事就是好好活。让我们向这个一身傻劲儿的士兵学习吧，凭着一股傻劲儿和拼劲儿去战胜困难和挑战，赢得最精彩的人生。

人生是一个长长的大舞台，人人都有自己的角色，人人也都有自己的表演方式。天生有着好形象的演员固然能够得到一时的青睐，成为"偶像派"；但是如果想要在人生的舞台上演一出精彩的戏、想成为主角，无论你有没有天生好条件，都必须用一种不达目的绝不止步的"傻劲儿"去提升自己的表演能力，将自己打造成一个"实力派"，只有这样才能不被命运这位导演赶到跑龙套的位置上。

做不到十全十美，也要善始善终

《老子·德经六十四》里有一句话叫"慎终如始，则无败事"，意思是事情将结束时仍然认真、谨慎地去做，事情就不会失败。

老子提出要"慎终如始"，这是他对人生的体验，因为人生中总会有许多人做事不能持之以恒，在快要接近成功的时候失败了。老子认为，出现这种情况的主要原因在于成功之前，人们沉不住气，不够谨慎，开始懈怠，失却了刚开始时的热情。可是他们却没有记住，能够善始善终的人才是真正的大赢家。

有一个奇妙的"30天荷花定律"，能说明最后的环节有多么重要。

荷花第一天开放时只是一小部分，到了第二天，它们就会以相当于前一天两倍的速度开放，到了第30天，荷花就开满了整个池塘。

很多人以为，到第15天时，荷花就能开满池塘的一半。然而，事实并非如此！到第29天时荷花才开了一半，最后一天便开满全池。

最后一天的速度最快，等于前29天的总和。

像荷花盛开一样，差一天，就会与成功失之交臂，越到最后，事情越关键、越重要。人们经常在做了90%的工作后，放弃了最后能让他们成功的 10%，甚至相当一部分人做到了 99%，只差 1%，但就是这一点细微的差距，让他们在事业上难以取得突破和成功。行百里者半九十——最后的步骤不到位，前面的事就等于白做了，甚至会带来比不做还要恶劣的后果。

有这样一个值得深思的故事。

有 3 个好朋友，毕业后去了同一家公司求职，经过层层筛选，他们都幸运地获得了工作机会。但是上班第一天，主管就告诉他们，他们现在只是在试用期，并不是公司的正式职员。第一个月公司会对他们的工作状况进行考核，合格的在试用期结束后将会成为公司的正式员工。3 个人都向主管保证自己会努力工作，会用行动向公司证明自己的能力。

试用期的工作是枯燥乏味的，并且他们的工作量很大，还经常加班到很晚，但是 3 个年轻人都没有去抱怨，他们都期待着试用期过后，自己能正式成为公司的一员，怀着对未来的美好期待，3 个人都努力地工作着。

一个月一晃而过，试用期马上就快结束了，3 个人相信凭着自己的良好表现，他们肯定都能通过公司的考核。最后那天下午，主管找到了 3 个年轻人，对他们说："非常抱歉，你们 3 个人都没有通过公司的考核，按照我们事先的约定，你们不能再在公司待下去了，这是这个月的工资，你们收好，等上完今天的这个夜班，你们就可以走了，祝你们以后一切顺利。"

听到主管的这些话后，3 个人都非常惊讶，但事情已经这样了，也没有回旋的余地了。夜班时间很快就到了，3个人当中的一个，朝厂房走去，他不想因为自己的原因而影响整条流水线的工作。另外两个人心想既然没有通过公司的考核，并且工资也发了，索性没有去上夜班。

最后一晚像往常一样结束了，年轻人疲惫地走出厂房，令他吃惊的是，主管正站在厂房的门口冲他微笑。主管招手把他叫过去，对他说："经公司研究决定，你的试用期今晚正式结束，我们决定录用你为我们公司的正式职员，明天请到公司总部接受新职位的任命，恭喜你。其实，你们3个人都很优秀，表现都非常好，不过我们无法选择录用你们中的哪一位，昨天晚上是对你们的最后一次考验，我们只选择最优秀的那一个，这个人就是你。"

因为这位年轻人坚持上完了最后一个夜班，所以他最后的结果与那两位朋友迥然不同，因为他选择了坚持，选择了善始善终。善始善终才能够笑到最后。现实生活中，有不少人追名逐利，经不起风浪，成名致富之后，往往心高气傲，目空一切。有些年轻人心浮气躁，遇到坎坷就有畏缩情绪，缺乏奋斗目标和理想信念，对此不妨做一下反省。

善始善终就是对成功的不懈追求，是一种淡泊名利的心态，是一种境界、一种超脱。正因为有了这种心态和追求，才能够在自己的岗位默默奉献。善始善终也是一种自信，心不骄、气不馁。无论做什么事情，都能够沉住气，精益求精，坚持到底。

认真能把事做对，用心能把事做好

任何一件事情，无论它有多么艰难，只要你认真去做，全力以赴去做，就能够化难为易。一个人比较成功，一定是他比较认真。假如一个人还没有成功，那他一定还不够认真。认真就是你用生命，用真实的感情，用全部的热情，坚持不懈地去做一件事的态度。

1990 年 9 月 18 日，国际奥委会作出决定：美国亚特兰大市获得了 1996 年第二十六届奥运会的主办权。这一切要归功于美国亚特兰大奥运会组委会主席比利·佩恩的勇气与不懈努力。

1987 年，当比利·佩恩最初产生申办奥运的想法时，他的朋友都怀疑他是否丧失了理智。当时很少人知道的亚特兰大市看上去似乎没有一点申办成功的希望，因为 1996 年是奥运会的 100 周年，人们都认为将回归到奥运会的故乡——希腊的雅典。再者，自从第二次世界大战后，奥林匹克运动会恢复以来，还从来没有过第一次申奥就能成功获得举办权的先例，此外美国刚刚举办了 1984 年的奥运会。但是比利·佩恩相信自己的想法，并坚信最终的结果只有在行动之后才会出现。

比利·佩恩放弃了律师合伙人的职业，用自己拥有的财产做抵押取得一笔贷款来维持家庭开销，全身心地投入他的活动中。他开始四处奔走，并以最大的努力获得了市长的大力支持，组成了一个合作小组，然后又用极大的热情说服了众多大公司向他们的小组投入了资金，并且在世界各地巡回演讲以寻求支持。他们邀请国际奥委会的代表共进晚餐，以增进代表们对亚特兰大的了解。

比利·佩恩每月有 20 天游说于世界各地。他没有工资和差旅费，他只是努力地行动着、争取着，使他的梦想成为现实。经过 2 年多的努力，比利·佩恩和同伴们的努力赢得了回报，国际奥委会打破了传统做法和惯例，将 1996 年奥运会的主办权交给了第一次提出申请的美国城市亚特兰大。

比利·佩恩曾这么说道："我一直都不喜欢周围消极的人，因为我不需要有人经常提醒我们成功的可能性不大，我们需要那些积极向我们提供策略和解决问题方法的人。有意识地做出决定，从自己的失败中学习经验教训，最终我们实际上是靠自己来做事。"

比利·佩恩和他的团队之所以取得成功，就是因为他们明白一个道理：无论期待怎样的结果，都只有在真正行动之后才会出现。只有及时地总结经验教训，才能最终取得成功。

我们通常认为的成功人士，往往都是能够沉住气、坚持不懈的人。凡是他们认定的事，都会坚持地做下去，并且认真地去做，还要做到最好，即使中间遇到再大的困难，也决不放弃。

李超大学本科毕业后被分配到一个研究所，这个研究所的大部分人学历都比李超高，李超感到压力很大。

工作一段时间后，李超发现所里一部分人并不是很认真，他们不是虚度光阴，就是忙着自己私底下做"第二职业"。

而李超却没有像那些人一样，他觉得既然自己在这里工作，就要好好干，一定要干出成绩。

李超一头扎进工作中，从早到晚埋头苦干。这样他的业务水平提高得很快，不久就成了所里的"顶梁柱"。时间一长，他逐渐受到所长的重用。渐渐地所长感到离开李超，工作上就好像失去了左膀右臂。

不久，李超便被提升为副所长，而老所长年事已高，所长的位置也在等待着他。

诗人纪伯伦说过："工作是看得见的爱。"李超对待工作的态度就是认真，对认定的事，他一定要认真做到底，特别是在面对自己没有经验、没有把握的工作时更能牢牢记住这一点。只有这样，才会真正鼓起勇气去面对一切困难，发挥出自己的潜力，从而获得在别人或者自己看来都是不可能的一切。

在通往成功的道路上，大多数人关注更多的是才能的积累和机遇的把握，却忘了"认定的事情要认真做到底"这样一个简单的道理。为人处世要沉住气，脚踏实地地努力，比大多数人多一些韧性、多一份坚持、多一点认真。唯有如此，才能为成功积累更多的经验和资本。

你的大事，就是做好每一件小事

很多时候，"成功"就是做一些在常人眼中看起来是"小事"的事，这些小事看起来也太容易了，大多数人便不屑一顾而与成功擦肩而过。

如果认为"成功"就意味时时刻刻都在干着惊天动地、叱咤风云的事情，那一定是武侠小说看多了。做美术编辑的人一定有这样的经验，版面的"精致感"在于细节处理的一丝不苟。

许多深具"成功迹象"的东西也许就隐藏在"唾手可得"的小事中，可以帮助你"成功"的路径就这么活生生地摆在我们的眼皮底下！而我们却漠视它，昂首阔步地从它面前走过，我们以为我们重任在身，我们总是习惯抬头远望。

反过来说，"成功迹象"也会装扮成圣诞老人，来考验一些既得利益者，看着你捡了芝麻，然后捧出西瓜。

有一个年轻人，他的父亲是一名油漆工，贫困的家庭使他念完高中就面临着辍学的危险——虽然他已经考取了耶鲁大学。于是，他决定利用假期，像父亲一样外出做油漆工，以期挣够学费。他到处揽活儿，终于接到了为一栋房子刷漆的任务。尽管主人是个很挑剔的人，不过他给的价钱不低，不但能够缴清一学期的学费，甚至连生活费也都有了着落。

这天，眼看着即将完工了。他将拆下来的橱门板最后再刷一遍油漆。橱门板刷好后，再支起来晾干即可。但就在这时，门铃突然响了，他赶忙去开门，不想却被一把扫帚给绊倒了，绊倒了的扫帚又碰倒了一块橱门板，而这块橱门板又正好倒在了昨天刚刚粉刷好的一面雪白的墙壁上，墙上立即有了一道清晰可见的漆印。他立即动手把这条漆印用切刀切掉，又调了些涂料补上。等一切被风干后，他左看右看，总觉得应该将这面墙再重新粉刷一遍。

终于，他累死累活地干完了，可第二天一进门，他又发现昨天新刷的墙壁与相邻的墙壁之间的颜色出现了一些色差，而且越是细看越明显。最后，他决定将所有的墙壁再次重刷。

虽然主人很挑剔，但是对他的工作很满意，如约付足了报酬。但由于他买了几次涂料，这些钱已经不够学费了。

屋主了解事情的原委后很是感动，许诺赞助他上完大学。大学毕业后，这个年轻人走进了屋主所拥有的公司，十几年后，他成为这家公司的董事长。他就是如今拥有世界 500 多家沃尔玛零售超市的萨姆·沃尔顿。

生活中，很多人都不注重小事。认为那些鸡毛蒜皮的事老是由自己去关注，岂不是太"掉价"了。其实，小事中也蕴含着做人做事的大道理，如果这些小事你都不能认真对待，又怎么去做大事呢？况且大事其实也是由小事积累而成的，就像物体是由原子、分子组成的一样。如果一个物体的原子、分子损坏了，那这个物体也会腐败、破损。

因此，想成功就必须做好小事。在大多数时间里，我们都是在做小事，但总是有人不屑于做小事，总是幻想一步登天。所以，人只要是把手头的每一件小事做好、做到位就已经很不简单了，所谓成功就是成就平凡中的不平凡。

怎样才能做到不因小失大？首先，对于一个人来讲，流露出的小细节就是一个人素质的体现。细节的完美依赖于一个人好的素质，素质高了，表现出的细节自然完美。大到一个企业，对细节的追求是有章可循的。衡量的尺度就是与之相应的标准和规范，以标准和规范对细节进行量化，是最高层次的体现。

目前在我们国家中，不缺乏小的规章制度的制定者，缺的是执行者。直到哪一天我们能把事情做得规范化了、细节化了，那么就可以小事做成大事，细节做到完美了。

暂时的不被成全，
也许是为了更大的圆满

第八章

起点影响结果，但不会决定结果

印度有一句谚语："播种行为，收获习惯；播种习惯，收获性格；播种性格，收获命运。"人的命运虽不可选择，却不是既成的。人无法选择自己的出身，也无力改变所处的环境，但人可以改变自己的思想和性格。起点可以影响结果，但不会最终决定结果，决定结果的是我们自己。当你遇到挫折时，可以让自己屈服，从此放弃努力，甘于过平庸的生活；也可以坚韧不拔地走下去，最终获得充实而卓越的人生。因此，只有把握自己的个性，才能真正把握自己的命运，把握自己的人生。

《时间简史——从大爆炸到黑洞》是一部在全世界具有影响力的科普著作，它的作者斯蒂芬·霍金患上了会使肌肉萎缩的卢伽雷氏症，全身只有右手的三个手指能动，后来又丧失了语言能力。正是这样一个身体上有缺陷的人，被科学界公认为继爱因斯坦之后最伟大的理论物理学家。每一位有幸见到他的人，都会对人类中居然有如此的灵魂而从内心受到深深的影响。霍金在21岁时被确诊为患有不可治愈的运动神经病。医生断言他只能再活两年半，而他没有被致命的挑战吓倒，以他的执着和坚定粉碎了医生的预言。他先后被选入伦敦皇家学会，被任命为卢卡逊数学教授——这是牛顿曾获得的荣誉职位。

霍金是一位划时代的英雄！他的伟大在于性格的伟大，刚毅的性格使他藐视身体的痛苦，对梦想、成功和影响力的执着追求使他拥有巨大的勇气和意志力。敢于挑战、顽强拼搏的人，就能战无不胜，而世界属于一往无前的人。

霍金身体的缺陷对他而言是无法改变的命运，但事业的成功是由自己创造的。一个坚强、勇敢、自信、宽容、谦虚的人，比起一个怯懦、自卑、自私、自大的人，成功的机遇和可能要大得多。卡耐基有一个著名的理论：一个人的成功85%归于性格，15%归于知识。性格、意志、情绪等非智力因素在一个人的成长中起决定性作用，而智力和知识并不是最重要的。美国斯坦福大学某教授曾经对1000多名智商在140分以上的天才儿童进行过长达几十年的跟踪研究。在研究中，他把这些人中最有成就的150人和成就最低的150人进行了比较。他们在智力上相差甚微，而能否取得成就的原因主要在于性格特征的差别：自信或不自信，自卑或不自卑，坚毅或不能坚持，是否有较强的适应能力和实现目标的动机等。可见，成功与否是由自己决定的，命运如何是由性格决定的，性格即命运。

事业上的成功离不开良好的个性品质，个人生活上的成功更离不开良好的个性。具备良好的个性才能有成功的人生。一个人对学习充满热情，就会发现学习中的乐趣。对集体利益充满热情，他的才华就会在集体中充分展示。对他人多一份关心与帮助，就会更多地得到别人的帮助与支持。以宽容和诚实之心对待别人，就会得到珍贵的友情、爱情、亲情、师生情。性格勇敢坚强，就不会为生活中的挫折所烦恼。性格乐观则能更多地感受生活中阳光的温暖。幸福是一种对生活的体验。态度不同、性格不同，对幸福的体验就会不同。命运本身也许并无好坏，人以什么态度来对待它，才是命运好坏的根本原因。

个性具有很大的可塑性。良好个性的形成离不开个人的主观努力。从小事做起，从现在做起，从身边做起，就可以逐渐形成通向成功的性格。如果你认为自己不够关心别人，那么当你看到别人遇到困难时，主动地伸出你的手，尽你所能去帮助他们，这样一来，你就能逐渐养成乐于助人的性格。无论在学习或生活中，遇到挫折和困难，你都要时刻提醒自己坚持下去。以宽容之心对他人，以严格之心要求自己，不断地播下个性的种子，终能收获自己有影响力的命运。

很多人嫉妒"生于富裕家庭的人有优渥的物质条件"。是的，我们无法选择自己的起点，许多先天条件我们没有办法改变，但是起点并不能决定终点。我们可以做的就是在既定的起点的基础上努力去改变可以改变的，有的时候只改变一点，却能产生强大的效应。成功者无不有良好的性格，就让我们从改变自己开始。

曲线人生，走弯路才是人生的常态

人们在现实中都追求正确，反对错误，可如果被这种观念束缚就很难创新。如果我们强烈地认同"犯错是一件坏事"，那么我们的思维就会受到限制。犯错是创造性思考必要的副产品，有的时候正是因为人们犯了错才走向成功。

在 IBM 发生的一件事，典型地体现出企业对待创新失败的宽容态度。IBM 公司的一位高级负责人，曾经由于在创新工作中出现严重失误而造成 1000 万美元的巨额损失。许多人提出应立即把他革职开除，而公司董事长却认为一时的失误是创新精神的"副产品"，如果继续给他工作的机会，他的进取心和才智有可能超过未受过挫折的人。结果，这位高管不但没有被开除，反而被调任同等重要的职务。公司董事长对此的解释是："如果将他开除，公司岂不是在他身上白花了 1000 万美元的学费？"后来，这位高管确实为公司的发展做出了卓越的贡献。

从这件事我们可以看出，错误可以成为成功的垫脚石，是因为错误可以告诉我们什么时候该改变方向了。就像上文中曾经犯过错误的高管，正是因为错误，他才能总结经验教训，寻找合适的方法和方向。犯错并不可怕，可怕的是被错误打败，从此一蹶不振。所以，我们应从失败中、错误中获得经验教训以及新的希望。

曾经有人做过分析后指出，成功者成功的原因，其中很重要的一条就是"随时矫正自己的错误"。一个渴望成功、渴望改变现状的人，绝对不会因一个错误而停止前进的脚步，他必定会找出成功的契机，继续前进。

一位老农场主把他的农场交给一位外号叫错错的雇工管理。

农场里有位堆草垛高手心里很不服气，因为他从来都没有把错错放在眼里过。他想，全农场哪个能够像我那样，一举挑杆子，草垛便像中了魔似的不偏不倚地落到了预想的位置上？回想错错刚进农场那会儿，连杆子都拿不稳，掉得满地都是草，有的甚至还砸在自己的头上，非常可笑。等他学会了堆草垛，又去学割草，留下歪歪斜斜、高高低低一片狼藉；别人睡觉了，他半夜里去了马房，观察一匹病马，说是要学学怎样给马治病。为了这些古怪的念头，错错出尽了洋相，不然怎么叫他错错呢？老农场主知道堆草垛高手的心思，邀请他到家里喝茶聊天。"你可爱的宝宝还好吗？平时都由他们的妈妈照顾吧？"高手点点头，看得出来他很喜欢他的孩子。老人又说："如果孩子的妈妈有事离开，孩子又哭又闹怎么办呢？""当然得由我来管他们啦。孩子刚出生那阵子真是手忙脚乱哩，不过现在好多了。"高手说。老人叹了一口气，说："当父母可不易哦。随着孩子的渐渐长大，你需要考虑的事情还很多很多，不管你愿意不愿意，因为你是父亲。对我来说，这个农场也就是我的孩子，早年我也是什么都不懂，但我可以学，也经过了很多次的失败，就像错错那样，经常遭到别人的嘲笑。"

话说到这个节骨眼上，高手似乎领会了老人的用意，神情中露出愧色。

错错会犯很多错误，但也能因为犯错而进步很多，达到高手的水平，甚至超越高手。现代社会，优胜劣汰成为一种必然。但现在人们开始认同另一种说法：成功，就是无数个错误的堆积。

错误是这个世界的一部分，与错误共生是人类不得不接受的命运。

错误并不总是坏事，从错误中汲取经验教训，再一步步走向成功的例子也比比皆是。因此，当出现错误时，我们应该像有创造力的思考者一样了解错误的潜在价值，然后把这个错误当作垫脚石，从而产生新的创意。

错误还有一个好用途，它能告诉我们什么时候该转变方向。比如你现在可能不会想到你的膝盖，因为你的膝盖是好的；假如你折断一条腿，你就会立刻注意到你以前能做且认为理所当然的事，现在都没法做了。假如我们每次都对，那么我们就不需要改变方向，只要继续进行目前的方向，直到结束。

人的一生不可能是一帆风顺的，有成功的喜悦，也有扰人的烦恼；会经历波澜不惊的坦途，更有布满荆棘的坎坷与险阻。错误既然已经发生了，就不要再斤斤计较其过程，你需要做的，就是从错误中找到成功的契机，遇到失败时我们要学会转弯，把失败看得轻一些、低一些，把它作为一个积极的转折点，选择新的目标或探求新的方法，把失败作为成功的新起点，继续前进。

守住初心，光明就在转角处

　　人生的辉煌与低谷、成功与失败都是人生的一段旅程。今天的辉煌不代表日后的成功，今天的成功也不代表日后的低谷。正是这一段段不同的旅程才成就了此时此刻的我们，塑造者以后的我们。然而，如何从失败走向成功，从成功走向更大的成功，关键是看我们能不能勇敢地走出失败的阴影和成功的光环，而继续迈向下一段旅程。

　　作家林贵真说："生命是个橘子，自己决定了生命，就像你选择买了这颗橘子，酸甜就要自己负责了。生命是个橘子，一瓣跟着一瓣，有时一瓣瓣是甜的，也有时是酸的，但也要亲自尝了才酸甜自知。"

　　是的，如果吃到酸的，不敢往下吃就把橘子扔掉，这就是虚度的人生，是苦是甜总要尝一尝。

　　一个人得到一位智慧老人的指引，按照智慧老人给的地址，他不远万里来到一个据说可以找到成功的地方。他敲了敲门，门一开他就急切地说："我找成功。"

话音未落，开门的人回答道："你找错人了，我是失败。"说完门砰的一声关上了。

寻找成功的人一脸失落，但又不忍放弃，于是鼓起勇气继续寻找。

他蹚过很多条河，翻过很多座山，可迟迟找不到成功。后来他想，成功与失败既是一对冤家，那说不定失败知道成功在哪儿。

于是他按照智慧老人给的地址又重新找到了失败。

可是他又得到了一个冰冷的回答："我正在找他呢。"他不死心，继续着敲打着失败的门，可是失败被他惹恼，连理都不理他。

就在这人近乎绝望地在失败门口徘徊的时候，不断的敲门声吵醒了失败的邻居，随着"吱呀"的一声轻响，这人回头一看，天啊，这不正是成功吗？

假如这个人敲门遇到失败后就放弃了而不继续寻找，假如他没有勇气面对失败一次又一次冰冷的面孔，假如他不能勇敢地踏出下一步，也许他永远找不到成功。

如意或不如意，决定的并不是人生的际遇，而是取决于思想的瞬间；成功或不成功，有时候不是由个人的努力所决定，而是取决于念头的转换。当生活与感情皆陷入泥潭，这也是生命之中无可奈何之事。倘若连迈出下一段旅程的勇气都跌落绝境，那岂不是自讨苦吃，苦上加苦？有位法师说过："人活着不过是在一吸一呼之间，呼吸在，所以你一切都在。"人生是一连串的未知、不确定，唯一可以确定的就是死亡。既然不确定以后的灯火是明是暗，何不勇敢地走下去去探一个究竟。

面对失败要勇敢迈出下一段旅程，当面对成功时是不是就停滞不前了？

著名的音乐家李云迪被称作中国的莫扎特，他18岁时就获得第十四届肖邦国际钢琴大赛的金奖，当鲜花、掌声、聚光灯围绕着它时，他说出了这样一段精彩的话：

"大家都知道冠军意味着成功，更意味着一种收获。但这种收获不是当下的，是短暂的。因此每一个世界纪录也都看作是一个起点，不是吗？肖邦大赛每五年就可能会产生一个冠军，而随后当你成为冠军，当你前面不再有对手，当你发现突破自己以外的世界其实是更大的竞技场的时候，你会陷入一种迷茫。就我来说，肖邦大赛之后我面临的不再是二十多位权威的评委，而是更多的乐评人、听众、音乐大师，我发现我真正面对的其实只有我自己，我只能和自己竞技，而竞技的目的就是不断地超越自我，具体到对每一首曲子，对音乐领悟的超越，等等。

"音乐是一条孤独的路，虽然沿途的风景不错，欣赏风景的人也有许多。但是你必须忽略这一点，让自己彻底地沉静下来，以一个起点的姿态不断追求完美，都说这世界上没有绝对的完美，但也因此才必须永远无限度地接近完美，我想这正是音乐、艺术乃至体育最大的乐趣所在。因此，我认为对待成功就需要把它当作一个新起点，当作一项新的纪录，然后全力展开新一轮的竞技完成下一次的自我超越。因此，冠军的对手只有一个，那就是自己。只有能够不断战胜自己的人，才能领会冠军的真正含义。"

李云迪把成功当成对自己的考验，面对成功他都没有停滞不前。有些人成功之后容易满足现状，安于现状，不敢往前迈一步，害怕今天的成功会成为泡影。殊不知，前方会有更美的风景，这种人却无福享受，因为他们陶醉于短暂的成功，而不敢追求人生的下一段旅程。

成功和失败都是我们生活的转折点，每一个成功都是一个新的开始，每一次失败也都是为成功做准备。

当面对成功与失败时，没有比迈出下一段旅程的勇气更重要的了，无论再怎么好的计划与机会，不往前迈一步，那就永远都无法成功了。成功者能够不断获取成功，不在于他们有多高的智慧，而是在于他们无论是成功或失败都敢于往前迈一步，哪怕只是小小的一步，都是迈向成功的必经之步。在人生的过程中，可以累积小冒险、小失败、小挫折、小成功、小胜利，唯有小小的尝试，你才能让自己找到目标、找到方法。

学习开始练习小步前进，体验小小的风险和小小的冒险，直到冒险的经验已够多，让你有信心去实践更大的梦想，到了那个时刻，你会认为它只不过是稍微有点危险的一小步而已。

生命本是一段路，每一段旅程，都需要一个开始，你除了要评估你的梦想之外，仍然要努力地去生活、去体验、去锻炼，去接受成功与失败，然后把握经验和教训；再然后，尽一切努力完成心中的梦想。绽放生命，需要你勇敢地迈出一步去体验下一段旅程。

成长会有快慢之分，却无运气可言

当我们不具备成功的天赋时，只有脚踏实地，才能让自己站稳脚跟。正如山崖上的松柏，虽经过无数暴风雪的洗礼，但只有坚定地盘固于土地，它们才能长成坚固的树干。

一个人若不敢向命运挑战，不敢在生活中开创自己的蓝天，命运给予他的也许仅是一个枯井的地盘，举目所见将只是蛛网和尘埃，充耳所闻的也只是唧唧虫鸣。

所以，成功需要付出，希望需要汗水来实现，人生需要勤奋来铸就。

在美国，有无数感人肺腑、催人奋进的故事，主人公胸怀大志，尽管他们出身卑微，但他们以顽强的意志、勤奋的精神努力奋斗，锲而不舍，最终获得了成功。林肯就是其中的一位。

幼年时代，林肯住在一所极其简陋的茅草屋里，没有窗户，也没有地板，用当代人的居住标准来看，他简直就是生活在荒郊野外。但是他并没有放弃希望，为了希望他流再多的汗水也不会后悔。当时他的住所离学校非常远，一些生活必需品都相当缺乏，更谈不上可供阅读的报纸和书籍了。然而，就是在这种情况下，他每天还持之以恒地走二三十里路去上学。晚上，他只能靠着木柴燃烧发出的微弱火光来阅读……

林肯只受过一年的学校教育，成长于艰苦的环境中，但他刻苦自学，努力奋斗、自强不息，最终成为美国历史上最伟大的总统之一。

任何人都要经过不懈努力才可能有所收获。世界上没有机缘巧合这样的事存在，唯有脚踏实地、努力奋斗才能收获成功的奇迹。千里之行，始于足下。每个人可以平凡，但不能平庸。所谓成功，就是在平凡的岗位上做出不平凡的业绩。在平凡的坚持中成就非凡的硕果，重要的是做好每一件小事。要想比别人做得更优秀、出类拔萃，就要在每一件小事上下功夫，把简单的事情做好就不简单，把容易的事情做好就更不容易。从自身做起，严格要求自己，脚踏实地，做好每一件小事。

亨利·福特从一所普通的大学毕业之后，便开始四处奔波求职，但均以失败告终。福特没有丧失对生活的希望，他依旧信心十足，自强不息，永不气馁。

为了找一份好工作，他四处奔走。为了拥有一间安静、宽敞的实验室，他和妻子经常搬家。短短的几年时间里，夫妻俩到底搬过几次家连他们自己也说不清了，但他们依旧乐此不疲。因为每一次搬迁，夫妇俩都有新的体会。贫困和挫折不仅磨炼了福特坚韧的性格，也锻炼了他的耐力和恒心，更使他有机会熟悉社会、了解人生，为未来新的冲刺做好了思想和技术的准备。

尽管贫困和挫折给他增添了不少的麻烦，但为了理想，福特依然勤奋努力着，依然奋力拼搏着。功夫不负有心人，福特自强不息的精神和奋不顾身的打拼终于得到了回报。他应聘到爱迪生照明公司主发电站负责修理蒸气引擎，终于实现了自己的心愿。不久，他又因为工作出色，被提升为主管工程师。

"创业维艰，奋斗以成"。成功永远属于有崇高理想、有坚定信念和艰苦奋斗的人。福特的例子很好地说明了这个道理。坚定自强不息的信念，让它深深地植根于你的心中，它就会激发你各方面的潜能，使你勇敢面对工作中的一切困难和障碍。

努力把自己的事做得更好，就是一种创造！厨师把菜做得更美味可口，裁缝把衣服做得更美观耐穿，建筑师盖出更舒适的房屋，司机开车更安全，作家努力写出更好的文章，都会为自己带来幸运，同时也为他人带来幸福。

无论是在生活中还是在工作中，都需要我们脚踏实地，时时衡量自己的实力，不断调整自己的方向，一步一步达到自己的目标。爱惜自己的岗位，施展个人才华，发挥自身优势，开拓创新、焕发创业热情和创造活力；要立足本职、扎实苦干，努力在平凡的岗位上追求卓越、创造一流。要勇挑重担、攻坚克难，敢于在最困难、最艰苦的地方大显身手，把青年的生力军和突击队作用充分发挥出来。要大胆探索、锐意进取，自觉站在改革开放的前列，站在自主创新的前列。

曾任过北大校长的丁石孙先生说过，我做人没有什么远大目标，只把眼前的每一件小事做好。这才是有大智慧的人。《劝学》中有一句话颇耐人寻味，"不积跬步，无以至千里"，也是同样的道理。齐白石先生说，宠辱不惊望天上云卷云舒，去留无意看庭前花开花落。修炼到那种心境实非一般人所能及，但年轻人在成长的道路上经历一些磨难也确实受益匪浅。

没有把你打垮的，终将让你变得更强

坚持，是通往成功目标的道路；坚持，铸就了无数辉煌。因为有了坚持，人们才登上了气候恶劣、云雾缭绕的阿尔卑斯山，在宽阔无边的大西洋上开辟了通道；正是因为有了坚持，人类才夷平了新大陆的各种障碍，建立起人类居住的共同体。

剑桥大学的教授克拉克从小有一个梦想，就是希望自己能像心目中的英雄那样改变世界，服务于全人类。不过，要实现他的目标，他需要受最好的教育，他知道只有去英国才能接受他需要的教育。无奈的是，他身无分文，没办法支付路费，而且，他根本不知道要上什么学校，也不知道会被什么学校招收。

但克拉克还是出发了，在艰难跋涉了整整五天以后，他仅仅前进了 40 多公里。食物吃光了，水也快喝完了，而且他身无分文。要想继续完成后面的几千公里的路程似乎是不可能的，但克拉克清楚地知道回头就是放弃，就是重新回到贫穷和无知。

他对自己发誓：不到英国誓不罢休，除非自己死了。他继续前行。

有时他与陌生人同行，但更多的时候是孤独地步行。大多数夜晚，他都是过着大地为床、星空为被的生活，他依靠野果和其他可吃的植物维持生命。艰苦的旅途生活使他变得又瘦又弱。由于疲惫不堪和心灰意懒，克拉克几欲放弃。他曾想："回家也许会比继续这似乎愚蠢的旅途和冒险更好一些。"但他并未回家，而是翻开了他的两本书，读着那熟悉的语句，他又恢复了对自己和目标的信心，继续前行。要到英国去，克拉克必须具有护照和签证，但要得到护照，他必须向英国政府提供确切的出生日期证明，更糟糕的是要拿到签证，他还需要证明他拥有支付他前往英国的费用。克拉克只好再次拿起纸笔给他童年时曾教过他的传教士写了封求助信，结果传教士通过政府渠道帮助他很快拿到了护照。然而，克拉克还是缺少领取签证所必须拥有的航空费用。克拉克并不灰心，而是继续前行，他相信自己一定能通过某种途径得到自己需要的这笔钱。

几个月过去了，他勇敢的旅途事迹渐渐地广为人知。剑桥大学的学生在当地市民的帮助下，寄给克拉克 640 美元，用以支付他来英国的费用。当克拉克得知这些人的慷慨帮助后，他疲惫地跪在地上，满怀喜悦和感激。

经过两年多的行程，克拉克终于来到了剑桥大学。手持自己宝贵的两本书，他骄傲地跨进了学院的大门。

"再坚持一下！"有时这就是成功向我们提出的要求。如果我们心中的目标无比坚定，如果我们能比别人再多一份自信和执着，如果我们对困难能再多一分抗争的勇气，"再坚持一下"其实并不难！当困难绊住我们的脚步时，当失败挫折打击我们的进取雄心时，当负担压得我们喘不过气时，我们依旧不退、不放弃、不在中途退出，依然咬紧牙关坚持下去，成功就一定会在终点出现！

当"智慧"已经钝化，"天才"无能为力，"机智"与"手腕"已经失败，其他的各种能力都已束手无策、宣告绝望的时候，就只剩下"忍耐"。由于其具有坚持之力，成功得到了，不可能的成为可能了，事业成就了，业务做成了。

在别人都已停止前进时，你仍然坚持；在别人都已失望放弃时，你仍然进行，这是需要相当的勇气的。使你得到比别人更高的位置、更多的薪资，使你超乎寻常的，正是这种坚持、忍耐的能力，不以喜怒好恶改变行动的能力。

忍耐的精神与态度，是许多人能够成功的关键。没有不顾障碍而坚持奋斗的勇气与百折不回的忍耐精神，不能成就大的事业。懦弱、意志不坚定、不能忍耐的人，不能得到他人的信任与钦佩。只有积极的、意志坚强的人，才能得到大家的信任。如果没有大家的信任，那么事业的成功是没什么希望的。不管社会发生什么变化，意志坚定的人总能在社会上找到位置。人人都相信百折不回、能坚持、能忍耐的人。意志的坚定能生出信用来。假使你能够不管情形如何，总坚持着你的意志，总能忍耐着，则你已经具备了"成功"的要素了。

坚持就是胜利。水滴可以穿石，绳锯可以断木。如果三心二意，即使是天才，势必一事无成。只有仰仗恒心，点滴积累，才能看到成功之日。勤快的人能笑到最后，而耐跑的马才会脱颖而出。

当你快坚持不住时，再熬一熬

有一只小狐狸误踩到猎人布下的铁圈，铁圈的齿轮已经紧紧卡住了它的右后腿。它蹦来跳去，挣得铁圈响个不停。它不断冲扑撕咬，就像一个被堵住出气孔的高温锅炉，随时可能爆炸。可是铁圈怎么也咬不动，它开始发狂发怒，边跑边扑边咬，有时一个急停，接着又是一个猛扑，撕咬、拉扯，决意要甩掉这个缚住它的家伙。

牙齿怎么能和铁器匹敌呢？不断地挣扎只能使齿轮越来越

紧，小狐狸被卡住的右腿已经可以看见胫骨了。小狐狸又猛咬了一通，最后它停了下来，站在那里大口喘气，身体晃了两下，趴倒在地。不，它没有放弃，它的脑海中根本没有"放弃"这两个字眼，任何的痛苦都无法消磨它的斗志。过了一会儿，它缓过劲来，不顾疼痛，顽强地站起来。它的四条腿疼得不停地发抖，口中滴着血，却又直起脖子，开始了与铁圈的战斗。

狐狸是有耐心的，同时也是聪明的，它开始飞快地转动脑筋，琢磨眼前的事物。刚才的方法不行，它要另外寻找求生的途径。它冷静下来，不再急躁，而是轻轻咬住铁圈，小心翼翼地用爪子拨拉着。就在这时候，它咬到了一个柔软的东西——铁圈的橡皮活扣！它全身的血液都沸腾了，就像被点着火的汽油一样。它用尖牙磨咬着橡皮扣，没过多久，橡皮扣就被它咬烂了，再用力一扯，齿轮松开了，它自由了！

没有一只狐狸会像狗一样甘心被人牵着走。拒绝认命，拒绝服输，是狐狸的生存准则，哪怕是在生命受到威胁的情况下，它也不会违背这条准则。狐狸有着勇往直前的精神、百折不挠的勇气，在猎食的路上会有无数的坎坷与挫折，但狐狸从不会因为这些坎坷与挫折而对自己产生怀疑。

柏拉图曾经说过："成功的唯一秘诀，就是要坚持到最后一分钟。"就如同长跑，最费力的不是你开始迈出的第一步，而是你最后迈向终点的那一步。而最后那一步的迈出就代表一种毅力，它同时也是恒心的一种体现。一个没有毅力的人，是不能成大器的。

我们每个人都不可避免地要在人生道路上艰难地跋涉，有失败，也有成功，而所有的失败都是你锻炼翅膀的机会。

没有河床的冲刷，就没有钻石的璀璨；没有挫折的考验，便培养不出坚韧的你。有时候，耐心一点，便给了自己一次机会。

微软公司的面试通知，像一缕阳光照亮了剑桥学子爱德华焦急期待的心。面试那天，爱德华精心地梳洗打扮了一番，又换了一条新领带。

上午 10 点钟，爱德华走进了微软公司人力资源部。等秘书小姐向经理通报后，他静了静心，提着手提包来到经理办公室门前，轻轻地敲了两下门。"是爱德华先生吗？"屋里传出问询声。

"经理先生，你好！我是爱德华。"爱德华慢慢地推开门。

"抱歉，爱德华先生，你能再敲一次门吗？"端坐在沙发转椅上的经理悠闲地注视着爱德华，表情有些冷淡。

经理先生的话虽令爱德华有些疑惑，但他并未多想，关上门，重新敲了两下，然后推门走进去。

"不，爱德华先生，这次没有第一次好，你能再来一次吗？"经理示意他出去重来。

爱德华重新敲门，又一次踏进房间。

"先生，这样可以吗？"

"这样说话不好——"

爱德华又一次在敲门之后走进去："我是爱德华，见到你很高兴，经理先生。"

"请别这样。"经理依然淡淡道，"还得再来一次。"

爱德华又做了一次尝试："抱歉，打扰你工作了。"

"这回差不多了，如果你能再来一次会更好，你能再试一次吗？"

……

当爱德华第十次退出来时，他内心的喜悦和憧憬已消失殆尽，开始有些恼火，对方分明是在刁难戏弄人。爱德华生气地转身离开，可刚走几步又停了下来。他想起了学校教授的谆谆教诲，他决定再试一次。

于是，爱德华稍稍地舒了一口气，第十一次敲响了门。这次，他得到的不是难堪，而是热烈欢迎的掌声。

爱德华没有想到，第十一次敲门，叩开的竟是一扇成功之门。原来，微软公司此次是打算招聘一名市场调查员。而一名优秀的市场调查员，不仅要具备学识素质，更要具备耐心和毅力等心理素质。这十一次敲门和问候，就是一道考查一个人心理素质的考题，而爱德华用自己的坚持赢得了这个职位。

"行百里者半九十"，最后的那段路，往往有一道难以跨越的门槛。在我们历尽艰辛、心力交瘁的时候，即使一个小小的变故或者障碍都有可能把我们击倒，而这个时候，胜利往往来自于"再坚持一下"的努力。

人的一生不可能一帆风顺，总会遇到坎坷和波折。世界上之所以有强弱之分，究其原因是前者在接受命运挑战的时候说："我会坚持下去。"后者则说："算了，我承受不住。"坚持下去，已经成为所有卓越人物的共同点，成为他们生活中的一个基调。

每一个成功的人，在确定了自己的正确道路后，都在不屈不挠地坚持着、忍耐着，直到胜利。

当生活出了狠招，愿你接得不慌不忙

如果一个人在不惑之年，经过一次意外事故被烧得不成人形，4年后又在一次坠机事故中致使腰部以下全部瘫痪，很难想象他的日子该怎么过。

怎么能把这样一个人与百万富翁、公共演说家、企业家联系在一起，也很难想象他还能泛舟、跳伞、竞选……活得这么高调。这个顽强不屈的人就是米歇尔。

在经历了两次可怕的意外事故后，米歇尔的脸因植皮而变成一块彩色板，手指没有了，双腿细小，无法行动，他只能瘫痪在轮椅上。第一次意外事故把他身上六成五以上的皮肤都烧坏了，为此他动了16次手术。

手术后，他无法拿起叉子，无法拨电话，也无法一个人上厕所，但曾是海军陆战队队员的米歇尔从不认为自己被打败了。他说：“我完全可以掌控自己的人生之船，那是我的浮沉，我可以选择把目前的状况看成倒退或是一个新起点。”

6个月之后，他又能开飞机了！

米歇尔为自己在科罗拉多州买了一幢维多利亚式的房子，另外也买了房地产、一架飞机及一家酒吧，后来他和两个朋友合资开了一家公司，专门生产以木材为燃料的炉子，这家公司后来变成佛蒙特州第二大私人公司。

4年后，米歇尔所开的飞机在起飞时又摔回跑道，把他胸部的12块脊椎骨全压得粉碎，他永远瘫痪了。

米歇尔仍不屈不挠，努力使自己达到最大限度的自主。后来，他被选为科罗拉多州孤峰顶镇的镇长，保护小镇的环境，使之不因矿产的开采而遭受破坏。米歇尔后来还竞选国会议员，他用一句“不只是另一张小白脸”作为口号，将自己难看的脸转化成一项有利的资产。

后来，行动不便的米歇尔开始泛舟。他坠入爱河且完成终身大事，他还拿到了公共行政硕士学位，并持续他的飞行活动、环保运动及公共演说。米歇尔坦然面对自己失意的态度使他赢得了人们的尊敬。

米歇尔说：“我瘫痪之前可以做1万件事，现在我只能做9000件事，我可以把注意力放在我无法再做的1000件事上，或是把目光放在我还能做的9000件事上。告诉大家，我的人生曾遭受过两次重大的挫折，而我不能把挫折当成放弃努力的借口。

或许你们可以用一个新的角度，看待一些一直让你们裹足不前的经历。你们可以退一步，想开一点，然后，你们就有机会说：'或许那也没什么大不了的！'"

月有阴晴圆缺，人生也是如此。情场失意、朋友失和、亲人反目、工作不得志……类似的事情总会不经意地纠缠你，令你的情绪跌至低谷。其实，生活中的低谷就像是行走在大路上遇到红灯一样，你不妨以一种平和的心态勇敢面对。勇敢面对，所有的不幸都无法把我们打倒。

西方有位哲人指出："人生长期考验我们的毅力，唯有那些能够坚持不懈的人，才能得到最大的奖赏。毅力到此地步可以移山，也可以填海，更可以让人从芸芸众生中脱颖而出。"

当我们陷入生活低谷的时候，往往会招致许多无端的蔑视。这时，只要我们理智地应对，以一种平和的心态去维护我们的尊严，就会发现，任何不幸在坚强面前都无法站稳脚跟。而有尊严的人终会走出人生的低谷。

1917年10月的一天，在美国堪萨斯州洛拉镇，一家小农舍的炉灶突然发生爆炸。当时，屋里有一个八岁的小男孩，很不幸的是，他没有逃过这次劫难，孩子的身体被严重灼伤。

虽然父母迅速将孩子送进医院，伤势得到了及时的控制，但医生最终仍然表示无能为力，并无奈地告诉孩子的父母："孩子的双腿伤势太严重，恐怕以后再也无法走路了。"

医生的话犹如晴天霹雳，父母伤心欲绝，他们不敢面对这个事实，也不敢将这个坏消息告诉儿子，但是，能隐瞒多久呢？随着双腿越来越没有知觉，小男孩终于知道了自己将要面对的悲惨现实。

面对如此的不幸，男孩没有哭，也没有就此消沉，他暗暗下定决心：一定要再站起来。男孩在病床上躺了好几个月，终于可以下床了。

他拒绝坐轮椅，坚持要自己走。但是，他连站起来的力气都没有，怎么可能走路呢？男孩试了一次又一次，都没有成功。

看着男孩倔强的样子，医生劝他："还是坐在轮椅上吧！以你现在的身体状况，是绝对不可能站起来的。"听到这话，母亲忍不住大声痛哭起来。男孩颓然地倒在床上，他一动不动地盯着天花板，没有任何表情，谁也不知道他在想什么。

在以后的日子里，父母看见儿子终日试图伸直双腿，不管在床上，还是在轮椅上，累了就歇一会儿，然后接着练。

就这样足足坚持了两年多，男孩终于可以伸直右腿了。这下，家人对他都有了信心，只要有机会，都会帮着男孩练习。

一段时间后，男孩竟然可以下地了，但他只能一瘸一拐地走路，很难保持平衡，走几步就会摔倒。又过了几个月，男孩能正常走路了，虽然拉伸肌肉让他疼得说不出话来。

这时，男孩想起医生说过自己再也不可能走路的话，但现在，自己做到了，他不由得脸上露出了笑容。这个胜利促使他做出一个更大胆而伟大的决定：从明天开始，每天跟着农场上的小朋友跑步，直到追上他们为止。

经过努力锻炼，男孩腿上松弛的肌肉终于再次变得健康起来。多年之后，他的腿和从前一样强壮，仿佛从来没有发生过那次意外。

男孩进入大学后，参加了学校的田径赛，他的项目是 1 英里赛跑，因为他立志成为一名长跑选手。从此以后，男孩的一生都和长跑运动紧密相连。这个被医生判定永远不能再走路的男孩，就是美国最伟大的长跑选手之一——格连·康宁罕。

在成长的某个阶段，也许命运会对我们不公，会让我们陷入许多难以预料的困境，但同样是困难，人们所收获的结果有时却大相径庭。精神的力量到底有多大，谁也说不清楚，但有一点可以肯定，那就是：精诚所至，金石为开。

人的一生，都会遇到生命的低谷，这是人生用来考验我们的一份最高含金量的试卷，只有经历过磨砺的人生，才会光芒四射！因为，命运在赐予我们各种打击的同时，往往也把开启成功之门的钥匙放到了我们的手中。

厄运是不幸的，但是如果我们选择逃避，那么它就会像疯狗一样一直追逐着我们；如果我们直起身子，挥舞着拳头向它大声吆喝，它就只有夹着尾巴灰溜溜地逃走。只要你坚持不懈地努力，机会的大门就永远向你敞开。

无论何时，记住一句：坚持就是胜利，天道酬勤。

所有的为时已晚，其实都是恰逢其时

第九章

无论什么回报，
都需要时间的发酵

真正让人变好的选择，都不会太舒服

有人做了一个很好的比喻，说人的欲望是个可怕的贼。一旦遇见了机会，它就会利用人的缺点开始进攻。只有控制好自己的欲望，在利益面前守住自我，才能够不被自己的私欲所俘虏。

利益面前，人人内心深处都会有交战和冲突。可怕的不是心里起了坏的念头，而是不能够主动地克制坏的念头，在利益的引诱下守住自己。

在美国南北战争的一场战役中，南方奴隶主率领的军队把萨姆特堡包围了。北方军队的一个陆军上校接到命令，让他保护军用的棉花，他接到命令后对他的长官说："我不会让一袋棉花丢失的。"没过多久，美国北方一家棉纺厂的代表来拜访他，说："如果您手下留情，睁一只眼闭一只眼，您就将得到 5000 美元的酬劳。"

上校痛骂了那个人，把厂长和他的随从赶出去，说："你们怎么想出这么卑鄙的想法？前方的战士正在为你们拼命，为你们流血，你们却想拿走他们的生活必需品。赶快给我走开，不然我就要开枪了。"那个厂长见势不妙，就灰溜溜地逃走了。

战争为南北两地的交通运输带来了阻碍，许多南方农场主生产的棉花运不到北方，因此，又有一些需要棉花的北方人来拜访他，并且许诺给他1万美元的酬劳。

上校的儿子最近生了重病，已经花掉了家里的大部分积蓄，就在刚才他还收到妻子发来的电报，说家里已经快没钱付医疗费了，请他想想办法。上校知道这1万美元对于他来说就是儿子的生命，有了钱儿子就有救，可他还是像上次一样把贿赂他的人赶走了。因为他已经向上司保证过："不会让一袋棉花丢失。"

又过了不久，第三拨人来了，这次给他的酬劳是2万美元。上校这一次没有骂他们，很平静地说："我的儿子正在发烧，烧得耳朵听不见了，我很想收这笔钱。但是我的良心告诉我，我不能收这笔钱，不能为了我的儿子害得十几万士兵在寒冷的冬天没有棉衣穿，没有被子盖。"

那些来贿赂他的人听了，对上校的品格非常敬佩，他们很惭愧地离开了上校的办公室。后来，上校找到他的上司，对上司说："我知道我应该遵守诺言，可是我儿子的病很需要钱，我现在的职位又受到很多诱惑，我怕我有一天把持不住自己，收了别人的钱。所以我请求辞职，请您派一个不急需钱的人来做这项工作。"

他的上司非常赞赏他诚实正直的品性，最终批准了他的辞职申请，并且帮助他筹措了资金来支付儿子的医药费。

在工作中，每个人都会面临各种各样的诱惑，善恶就在一念之间，如宋学大家程颐所讲："一念之欲不能制，而祸流于滔天。"

在诱惑面前一不小心，稍作退让，就会做出抱恨终身的事。因为贪图一时的利益而让集体蒙受巨额损失，这样的例子并不鲜见，除了带给自己良心上的负担，还会毁掉给自己的名誉。

有一位才华出众的双料博士，他先修完了法律博士课程，后又修完了工程管理学博士课程。这样优秀的人才，理应工作顺利，事业飞黄腾达。可是，他的经历却不是如此，他最后还登上了多家企业的黑名单，成为这些企业永不录用的对象。毕业后，他去了一家研究所，凭借自己的才华，研发了一项重要技术。他觉得自己待遇太差，就跳槽到一家私企，并以出让那项技术做了公司的副总。不到3年，又有一家企业以给他公司股份为诱惑，让他带着公司机密跳槽了。就这样，他先后背叛了不下5家公司，以至许多大公司都知道了他的品行，当他在私企发展受制后再跳槽时，没有一个大公司敢用他。最后他才发现，心怀二心受打击最严重的却是自己，因为被贴上了"见异思迁、不忠诚"的标签，几乎每个了解他情况的老板都明确表示绝对不会聘用他。

像这位博士一样，见利忘义，因个人利益伤害集体利益的人是无法在社会上立足的。现实生活中许多人无法抗拒诸如金钱、权力、地位的诱惑，沉迷其中而不能自拔，这样的人只会因争小利而失去前途，在利益面前失去自我。

现实生活中，我们要心怀大格局、有成大事的胆识和气魄，沉住气，耐心修炼自己，不争一时一地的得失，从而赢得长久的成功。

不是做什么有前途，是怎么做才有前途

时代的进步所带来的是社会经济的飞速发展和物质生活的丰盈，形形色色的选择和诱惑也随之而来，从日常的柴米油盐酱醋茶到谋利发财的诀窍，这些事物愈来愈多地影响着人们的生存状态，就像鱼饵一样等待着人们上钩、考验着人们的内心。面对这些选择和诱惑，一部分人急于抓取眼前的一切，唯恐遗失任何有可能谋取财富的机会，也越来越习惯于贪大求全、不断索取，将眼前的利益当成了永久的成功。

谋求财富的过程就像是一场马拉松，我们不能只在意眼前的路程，而应该重视最后的终点。利益对人们的诱惑非常大，它能够使人感到愉悦和满足，也能够让人挣扎和痛苦，倘若只专注于眼前的既得利益、不做长远打算，得到的欢愉也仅仅是暂时的。用另一种说法来表述的话，就是"福兮祸之所倚"，眼前所得到的不一定就会是真正的成功，相反，这种成功会蒙蔽我们的双眼，使我们专注眼前、忽略长远，为将来的失败埋下潜在的危险和隐患。忍得了一时才能快乐一世，这是人人都懂的简单道理，但是在面对诱惑的时候，人们往往无法参透它的内涵。无数的事例都表明，要学会抵制眼前的诱惑，才能够收获更多。

1846 年 10 月，在一个大风雪的天气里，一个 87 口人的家族被困在了前往加州的路上，恶劣的天气使他们的马车进退不得。

然而，他们被困在原地，一直努力坚持了一个多月。在这段风雪围困的时期，不断有人因为疾病和饥饿而死亡，人口减少了一半，如果不寻求一条出路的话，就只能遭受灭顶之灾。在这样无奈的绝境下，其中两个人决定出去寻求救援。他们很快就找到了一个村庄，并带回了一支救援的医疗队，剩下的人全部获救了。

　　既然能够得到救助的话，为什么他们不及早去寻求救援呢？答案很简单，他们只专注于马车上的东西，不愿意舍弃身边的财产。

　　在被围困的一个多月里，除了等待援助之外，他们也曾尝试带着马车和财物前进，想要将这些东西一起带走。但是，他们的计划却被恶劣的天气阻止了，大家只能够疲惫地任由风雪围困着，渐渐消耗尽所有的食物和供给，直到身边陆续有人死去。

　　虽然在某种层面上，这件事情是一起特例，但是，在人生中，经常会有人被困于类似的"关卡"里，他们不愿意放弃身边的财富和利益，或者为了谋求更高的社会地位、更丰厚的收入、更优渥的物质环境以及无数的诱惑，最终却囹圄在一种进退不得的境地，自己仍浑然不觉、无法自救，不断上演着相似的悲剧。

　　在短时期内，也许那些不愿舍弃眼前利益的人能够表现得非常出色，但是，他们面对诱惑的时候往往目光短浅，只考虑到现在、不做长远打算，因而，他们缺少一种掌控和规划未来的能力。在工作中，也往往会被眼前的高酬劳、高利益所诱惑，没有考虑过自身的长远规划，频繁跳槽。

而那些能够不被眼前的利益所诱惑、着眼于规划自身未来的人，更偏向于选择可以给自己提供发展平台的公司。对于一个有抱负有远见的人来说，能力以及提升自己能力的方法是实现远大目标最重要的部分。

人生中往往充斥着形形色色的诱惑，这些都有可能使我们迷失自我、目光短浅，从而偏离人生的方向，落得失败的结局。只有舍弃眼前的诱惑、理性地看待它们，才会有最后的辉煌。

先让付出超过回报，再求回报超过你的付出

著名成功学家拿破仑·希尔有一句话："提供超出你所得酬劳的服务，很快，酬劳就将反超你所提供的服务。"沉住气，好好奋斗，当你愿意从事超过你的报酬的工作时，你的行动将会促使你获得良好的声誉，将增加人们对你的信任和青睐。

每个人在工作中，只能在业绩中提升自己，使自己工作所产生的价值远远超过所得的薪水，只有这样才能得到重用，才能获得机遇。

在微软公司，有这样一种现象：一个软件工程师的薪水居然比副总裁还高，这是其他公司没有的。

一个在微软做了 12 年的非常优秀的软件工程师鲍勃，他的

工资比微软当时许多副总裁的工资高。因为鲍勃能力突出，公司本来想让他当领导，但是鲍勃拒绝了。别人问他原因，他说："第一，我对管理没有兴趣，我管不好人；第二，我就想把我的所有时间都花在技术上。"

按照我们的传统观念，一个人不做管理，就只能算一个兵，不是将，兵的薪水肯定比不上将的薪水，但是，微软公司的价值观是"看贡献，不看职位""看价值，不看职位"。因此，微软每年都会在它的5万名员工中评出30～40个杰出贡献者。

看到这个事例，我们得出一个结论：无论是生产车间里的普通工人，还是活跃在市场第一线的销售人员，或者是一名总经理，他们都是凭借自己的价值来获得报酬的。能为公司创造更多价值的人，得到的报酬才会更多。

中国有句古话叫"无功不受禄"，为企业创造价值，你才能有资格接受公司给予你的回报，倘若你碌碌无为或者业绩甚微，你又凭什么苛求企业给你高薪呢？

企业的正常运转是建立在每一名员工都能担负应有的责任，创造相应的价值的基础之上的，作为一个高素质、有觉悟的员工，应该沉住气，用切实的业绩积累自己生存发展的资本。这样，你创造的价值多了，老板自然会相应付给你更多的报酬。

一家小公司招聘业务人员，在前来求职的人中有一位资历很高，对于这个公司来说，有点"小庙容不了大和尚"，因此公司老总与他面谈时，很诚实地对他说："依据公司规定，目前给不出太高的薪水。"老总的意思是不想浪费彼此的时间，没想到他竟然接受了公司给出的条件，其实这个公司给的工资只有他原来薪水的1/3，这让公司感到很奇怪。

工作后，他从来都是准时上班，勤跑客户。不久，他的"功力"便显现出来，业绩远远超出老总原本的预期，为公司创造了很多利润。

于是老总对他破格晋升，而且大幅度地加薪。在庆功宴上，他道出了原委。

原来，之前他在原单位已做到主管，工作很顺手，薪水也很丰厚，可是没想到公司的一次海外投资失败，老板远逃国外，他只得另找门路。

在找工作期间，他碰了好几次壁，也曾经因为薪水无法与自己所要求的相符而痛苦，总认为自己怀才不遇，老板不识才。但突然有一天，他想到一句话："价格是别人给的，随时可以拿走；价值却是自己创造的，任谁也无法带走。"在这句话的激励下，他选择了重新出发。

"价格由老板决定，价值由自己创造"这句话让人受益匪浅，他也用实际行动证明了自己的价值。

一个人的价值是靠自己创造的。一个员工能否创造出价值，创造多少价值，其实老板心中是有数的。老板根本不怕你拿高薪，关键是你能否把自己的工作做得富有成效，为公司创造更大的价值。

追求名利是职场中所有员工的希望，老板想提高利润，你也想增加薪水，可一切都从何处而来？天上是不会掉馅饼的，薪水的增加要靠工作来实现。因此，与其整天抱怨，不如沉住气、立足行动，先让付出超过回报，再求回报超过付出，这样生活才能少些失意、多些快乐和踏实，这又何乐而不为呢？

涉世之初，做一只拼命生长的"蘑菇"

　　有一个有趣的"蘑菇定律"，是 20 世纪 70 年代由国外的一批年轻电脑程序员总结出来的。它的原意是：长在阴暗角落的蘑菇因为得不到阳光又没有肥料，常面临着自生自灭的状况，只有长到足够高、足够壮的时候，才被人们关注。人的成长也肯定会经历这样一个过程。这就是蘑菇定律，或叫萌发定律。

　　很多人都有一段或几段"蘑菇"经历，但不一定是什么坏事，"蘑菇"能够消除很多不切实际的幻想，使我们尽快成熟起来。

　　被尊称为"发哥"的香港演员周润发，在成名之前也曾从事过不少现在年轻人嗤之以鼻的工作，他没有看轻每一份工作，反而以亲身经历向年轻人说明：职业无分贵贱，不能轻视自己的工作。

　　发哥说："工作无分贵贱，我做过信差、门童与杂工，日薪 8 元我都做过。电视台第一份合约月薪 500 元、第二年 700 元，最红时拍电视剧《狂潮》，月薪也只是 700 元。那又怎么样？有工作寄托起码有奋斗心，不要说'贡献社会'那么伟大，但可以证明自己的存在价值。工作是人生经历，我的工作经历，对演艺生涯十分有帮助，每个行业的人都要靠经验摸索成长。"

是的，工作不分贵贱，但是态度却有尊卑，任何一份工作都包含着成长的机遇，任何一份工作都有需要学习的东西。一个成功者不会错过任何一个学习的机会，即使是在店里扫地的时候，也要观察老板是怎样和客人打交道的，他们总是在观察、学习、总结。也正是这种蛰伏的智慧，使得很多人在经历"蘑菇"岁月后脱颖而出，成为同辈中的佼佼者。

惠普公司前 CEO ——卡莉·费奥瑞娜从斯坦福大学毕业后，做的第一份工作是在一家股票经纪公司做前台，这份工作她做了一年。每天的工作就是打字、复印、收发文件、整理文件等杂活儿。虽然父母和亲戚朋友对她的工作感到不满，认为一个斯坦福大学的毕业生不应该做这些，但她没有任何怨言，继续边努力工作边学习。一天，公司的经纪人问她能否帮忙写点文稿，她点了点头。正是这次撰写文稿的机会，改变了她的一生，她后来成为了惠普公司的 CEO。

卡莉·费奥瑞娜的经历适合于各行各业的人员，凡想获得成功人，都应该沉住气。先学会耐得住"蘑菇"时期的寂寞，然后才能做大事，才能取得更大的业绩。

老子说："轻则失本，躁则失君。"职场上永远不会有一步登天的事情发生，不管你的能力有多强，你都必须沉住气，从最基础的工作做起。我们应该认识到，没有任何工作是卑微并且不需要辛勤努力的。年轻人应该磨去棱角，适应社会，不断充电，提升能力。要知道，无论多么优秀的人才，步入社会时都只能从最简单的事情做起。一个人，只有放下架子，沉得住气，打牢根基，才能在日后有所作为。

先要"埋头"，才能"出头"

生活中，很多人喜欢把人生理想、伟大抱负挂在嘴边，逢人便说，而自己却不肯为理想付出努力。理想的实现要看取得成绩的多少，而不是高谈阔论、虚张声势。要知道，如果一个人不切实作出成绩，就算他真有经天纬地、运筹帷幄之才，又有谁会买他的账呢，恐怕只能徒增别人对他的厌烦。

在追求理想的道路上，先要"埋头"，才能"出头"，当客观条件不充分时，沉住气，在低处养精蓄锐，待时机成熟时再放手一搏，才不失为一种出奇制胜的明智之举。

在京城有一家非常有名的中外合资公司，前往求职的人如过江之鲫，但其用人条件极为苛刻，有幸被录用的比例很小。从某名牌高校毕业的小李，非常渴望进入该公司。于是，他给公司总经理寄去一封短笺，很快他就被录用了，原来打动该公司老总的不是他的学历，而是他那特别的求职条件——请求随便给他安排一份工作，无论多苦多累，他只拿做同样工作的其他员工 4/5 的薪水，但保证工作做得比别人出色。

进入公司后，他果然干得很出色，公司主动提出给他全薪，他却始终坚持最初的承诺，比做同样工作的员工少拿 1/5 的薪水。

后来，因受所隶属的集团经营决策失误影响，公司要裁减部分员工，很多员工失业了，他非但没有下岗，反而被提升为部门经理。这时，他仍主动提出少拿五分之一的薪水，但他依然兢兢业业，是公司业绩最突出的部门经理。

后来，公司准备给他升职，并明确表示不让他再少拿一分薪水，还允诺给他相当诱人的奖金。面对如此优厚的待遇，他没有受宠若惊，反而出人意料地提出了辞职，转而加盟了各方面条件均很一般的另一家公司。

很快，他就凭着自己非凡的经营才干，赢得了新加盟公司上下一致的信赖，被推选为公司总经理，当之无愧地拿到远远高于那家合资公司许多的报酬。

当有人追问他当年为何坚持少拿 1/5 的薪水时，他微笑道："其实我并没有少拿一分的薪水，我只不过是先付了一点儿学费而已，我今天的成功，很大程度上取决于在那家公司里学到的经验……"

高标立世必须以低处修身为基点，这好比弹簧，压得越低则弹得越高，只有安于低调、乐于低调，在低调中蓄养实力，才能获取更大的发展。小李的成功经历给了我们很多启示，成功是靠做出来的不是吹出来的，只有沉住气，不断提升能力，才能为自己赢得更广阔的发展空间。同等条件下，肯"埋头"的人比浮躁的人在人生和事业上走得更远。某公司的董事长黄先生，在员工大会上讲过这样一件事：

在黄先生的公司里，有两位很出色的员工：袁先生和高小姐，均被另外一家公司看上，想以高价挖走他们。袁先生看到对方提出的薪酬标准比黄先生的高，于是很快就递交了辞职信。黄先生对他说："你再考虑一下，那家公司很可能只是要利用你。"但袁先生没有听从黄先生的劝告，坚决地投奔了那家公司。

而高小姐却拒绝了那家公司的高薪聘请，而是选择继续留在黄先生的公司，一直勤勤恳恳地工作。事情发展到后来，跳槽的袁先生果真如黄先生所料，并没有被得到重用。没过多久，当那家公司利用完袁先生以后，就把他"踢"出门外。

而选择留下的高小姐，当时已经是黄先生公司中国区的总裁了。

黄先生最后总结道："你来工作，并不是为了薪水这个目标，而是谋求将来的发展。那位袁先生看到的只是眼前的小利，而高小姐看到的却很长远，她选择的是发展，像这种员工就值得去栽培。尽管发展之路开始时可能很艰难，但走到后面却是一条黄金之路。如果连路都是黄金铺成的，那还怕没钱吗？"

故事中的高小姐，面对竞争对手的高薪聘请，不为所动。仍能够安于岗位，脚踏实地，因此她取得了比袁先生更好的发展机会。

无论谁的人生，都难免遇到坎坷曲折。纵观古今中外，凡成大事业者，无一不是具备沉稳的性格，经得起诱惑，耐得住寂寞，无论在什么环境中都保得住操守，不忘记自己的方向。我们要有所成就，就要避免浮躁，肯于放下身段，埋头苦干，只有这样才能"出头"。

往远处看，向平处行

有些人把工作当成鸡肋，食之无味，弃之可惜。一方面，他们不满意现在的工作；另一方面，出于种种原因又不得不做这份工作。殊不知，心不甘情不愿地工作，不管对于企业来说，还是对个人来说，都是毫无裨益的。

其实，每份工作都是成就卓越的机会，在平凡的工作中脚踏实地工作的人，总能在工作中收获诸如才能、社会经验、人际关系等，而那些心浮气躁，不懂得经营手中工作的人，在等待"转机"的过程中白白错失一个个提升自我的机会，即使"转机"真正降临，他们也会因为缺乏足够的能力而与其失之交臂。

1908年，美国有一个叫希尔的年轻人去采访美国最富有的人——钢铁大王卡内基。卡内基在与希尔交谈后，很是欣赏希尔的才华，于是对他说："我要向你挑战，在此后 20 年里，你要把全部的时间都用在研究美国人的成功哲学上，然后得出一个答案。但条件是：除了写介绍信和为你引见这些人外，我不会为你提供任何的经济支持，你肯接受吗？"

虽然没有任何的酬劳，但是，希尔相信自己的直觉，认为这是一个有助于自己成功的机会，于是他爽快地接受了挑战。答应不要一丁点儿的报酬，为这位富翁工作 20 年。在一般人看来，希尔简直是个傻子，因为这 20 年对于希尔来说无比的珍贵，正是他年富力强、最能创造利润的时期。

最终的结果是，希尔获得了远比他应该得到的报酬还要多得多的回报。在接受挑战后的 20 年里，希尔在卡内基的引见下访遍了全美国最富有的 500 名成功人士，写出了震惊世界的《成功定律》一书，并成为了罗斯福总统的顾问。

后来，希尔在回忆这件事情时说："全国最富有的人要我为他工作 20 年而不给我一丁点儿报酬。一般人在面对这样一个荒谬的建议时，肯定会觉得太吃亏而推辞，可我没这么干，我认为我要能吃得这个亏，才有不可限量的前途。"

一切努力和付出都是为了更好的前途，这也是希尔能够取得成功的秘密所在，他很珍惜卡耐基提供的平台，甘于在这个平台上付出长达 20 年的努力，最终收获了自己不可限量的前途。

公司虽是老板的，但平台却是属于自己的，艰难的任务能锻炼我们的意志，新的工作能拓展我们的才能，与同事的合作能培养我们的人格，与客户的交流能训练我们的品性。公司是我们成长过程中的另一所学校，工作能够丰富我们的经验，增长我们的智慧，培养令我们终身受益的能力。

张扬是一个企业终端科的科长，负责对销售终端布置的规范性进行指导和提供咨询。可张扬除了完成自己的本职工作外，还总喜欢接手一些相关的工作——企业培训导购员时，他是当仁不让的组织者、策划者和对口管理者；凭借很强的谈判能力和对消费者需求的熟知程度，他积极参与促销活动所需的礼品采购；他还承接了信息收集工作，为此安排专人每天为企业高层与相关职能部门整理、报送各项最新资讯……同事都觉得张扬是"傻瓜"，甚至有人对他冷嘲热讽。张扬对此处之泰然，他说："我不光是为老板打工，更不是为了赚钱，我是在为自己的梦想打工，为自己的前途打工。我要在业绩中提升自己，我要使自己工作所产生的价值远远超过所领的薪水。只有这样，我才能得到我想要的东西——工作的快乐，成功的快乐。"一年后，张扬的下属已经从最初的几个人增加到了几十个人，随着部门的扩容和职能的增多，他所在的部门由科级升为处级，当时说张扬是"傻瓜"的人，有的成了他的下属，有的辞职另谋出路。

现实生活中，像说张扬是"傻瓜"那样的人并不少，他们没真正明白"公司是老板的，舞台是自己的"这个浅显的道理，一心梦想着高薪舒适的工作，心浮气躁，消极怠工，这些人也许短时间内能滥竽充数、浑水摸鱼。但长此以往，对于自己和公司都将是很不利的，他们的成功之路恐怕会越来越崎岖。

多干一点事，你的能力就多增一分，影响力也多增一分。一些人宁肯花费很多精力来逃避工作，却不愿花相同的精力来努力完成工作，他们以为自己骗得了老板，其实，他们愚弄的只是自己。不要为了老板而工作，也不要仅仅为了金钱而工作，要像张扬那样——为梦想而工作，为自己的前途而工作。周围环境不是你懒散的借口，要时刻牢记：心有多大，舞台就有多大。

把工作当成施展自我抱负与风采的舞台，沉住气，扎扎实实演好自己的每一个角色，做好在职的每一天。利润虽然属于老板，但价值却是自己的。

努力是为了选择生活，而非被生活选择

"在人生的道路上，所有的人并不站在同一个场所——有的在山前，有的在海边，有的在平原，但是没有一个人能够站着不动，所有的人都得朝前走。"这是泰戈尔的名言。我们每个人都有自己的位置，也许低也许高，并不是所有的人都能有机会站在人生的最高顶点，但是"所有的人都得朝前走"，即不论是谁都要努力进取。我们不一定要创造丰功伟绩，但不论现在的成绩如何，我们都要不断超越现在，不断进取才有成功的机会，

而安于现状被安逸生活吞噬进取心的人，则永远没有体验人生风景的机会。

有一天，沼泽向在自己身边奔流而过的河流问道："你整天川流不息，一定累得要命吧？你一会儿背着沉重的大船，一会儿负着长长的水筏，在我眼前奔流而过。小船小划子更不用说了，它们多得没有个穷尽。你什么时候才能抛弃这种无聊的生活呢？像我这样安安逸逸的生活，你找得到吗？我是一个幸福的闲人，舒舒服服、悠悠闲闲地荡漾在柔和的泥岸之间，好比高贵的太太们窝在沙发的靠枕里一样。大船小船也罢，漂来的木头也罢，我这儿可没有这些无谓的纷扰，甚至小划子有多重我都不知道，至多偶尔有几片落叶漂浮在我的胸膛上，那是微风把它们送来和我一起休息的。一切风暴有树林挡住，一切烦恼我也沾染不上，我的命运是再好不过的了。周围的尘世不断地忙忙碌碌，我却躺在哲学的梦里养神休息。"

"哲学家，你既然懂得道理，可别忘了这条法则，"河流回答，"水只有流动才能保持新鲜，我成了伟大壮阔的河流就是因为我不躺在那儿做梦，而是按照这个法则川流不息。结果呢，我的源源不绝的水，又多又清的水，年复一年地给人们带来了幸福，因而赢得了光荣的名誉，或许我还要世世代代地川流不息下去。那时候，你的名字就不会有人知道了。"

多年以后，河流的话果然应验了，壮丽的河仍旧川流不息，沼泽却一年浅似一年。沼泽的表面浮着一层黏液，芦苇生出来了，而且生长得很快，沼泽最终干涸了。

这个故事告诉我们，一成不变能换取一时的安逸，却得不到丝毫成长，只会慢慢退步，甚至慢慢衰亡。

成功的人往往都是一些不那么"安分守己"的人，他们绝对不会因取得一些小小的成绩而沾沾自喜。每一个渴望成功的人都要谨记：只有不断"砸烂"较差的，你才能完全没有包袱，创造出更好的，走上成功的殿堂，就像下面的故事中讲到的一样。

一位雕塑家有一个12岁的儿子。儿子要爸爸给他做几件玩具，雕塑家只是慈祥地笑笑，说："你自己不能动手试试吗？"

为了制作自己的玩具，孩子开始注意父亲的工作，常常站在大台边观看父亲运用各种工具，然后模仿着运用于玩具制作。父亲也从来不向他讲解什么，放任自流。

一年后，孩子好像初步掌握了一些制作方法，玩具造得颇像个样子。这样，父亲偶尔会指点一二。但孩子脾气倔，从来不将父亲的话当回事，我行我素，自得其乐，父亲也不生气。

又一年，孩子的技艺显著提高，可以随心所欲地摆弄出各种人和动物的形状。孩子常常将自己的"杰作"展示给别人看，引来诸多夸赞。但雕塑家总是淡淡地笑，并不在乎似的。

有一天，孩子存放在工作室的玩具全部不翼而飞，他十分惊疑！父亲说："昨夜可能有小偷来过。"孩子没办法，只得重新制作。半年后，工作室再次被盗！又半年，工作室又失窃了。

孩子有些怀疑是父亲在捣鬼：为什么从不见父亲为失窃而

吃惊、防范呢？偶然一天夜晚，儿子夜里没睡着，见工作室灯亮着，便溜到窗边窥视：父亲背着手，在雕塑作品前踱步、观看。好一会儿，父亲仿佛作出某种决定，一转身，拾起斧子，将自己大部分作品打得稀巴烂！接着，将这些碎土块堆到一起，放上水重新混合成泥巴。孩子疑惑地站在窗外。这时，他又看见父亲走到他的那批小玩具前。只见父亲拿起每件玩具端详片刻，然后，父亲将儿子所有的自制玩具扔到泥堆里搅和起来！当父亲回头的时候，儿子已站在他身后，瞪着愤怒的眼睛。父亲有些羞愧，温和地抚摩儿子的脸蛋，吞吞吐吐道："我……哦，是因为，只有砸烂较差的，我们才能创造更好的。"

10年之后，父亲和儿子的作品多次同获国内外大奖。

人只有在不断进取的状态下才能够永葆生命的活力。既然生命不息，那就应该不断进取，超越自我。奔腾不息的流水才能够永葆生命的新鲜与活力，对于积极进取的人来说，每天都是一个崭新的起点，因为进取心带来的激励存在于我们人体内，它推动着我们完善自我，追求完美的人生。

一个有事业进取心的人，可以把"梦"做得高些，虽然开始时是梦想，但只要不停地做，不轻易放弃，梦想终能成真。一旦我们每一个人有幸受这种推动力的引导和驱使，生命就会成长、开花、结果。

胡巴特说："这个世界愿对一件事情赠予大奖，包括金钱和荣誉，那就是'进取心'。"进取心是存在于我们体内的一种神秘又伟大的力量。有了进取心，就可像杨澜说的那样"什么都阻挡不了我，天空才是我的极限。"也许我们正处于人生起步，也许已经小有成就抑或许仍然平凡，无论处于什么样的高度，也要时刻提醒自己，生活还在继续，要一直向前，而不该原地踏步，数着自己的脚印过活。经济不景气，金融危机，这一切使得竞争更加残酷。年轻人只有让自己能够迅速地成长，不断地学习、不断地拼搏，知识面就会越广，得到的信息就会越多，人生的视野就会越来越开阔。

慢慢来，比较快

人生最大的自由，莫过于选择成败，成功者寥若晨星，更少有人青史留名，而失败者比比皆是。据有关学者研究证明：48%的人经历一次失败，就一蹶不振了；25%的人经历两次失败就泄气了；15%的人经历三次失败也放弃了；只有12%的人经历无数次的失败后，仍不气馁，始终朝着一个方向冲刺。他们坚信，只要方向不错，方法得当，坚持不懈、锲而不舍，成功只是时间问题。人生最大的敌人是自己，战胜自己是成功者的必经之路。

李健最早涉足茶叶经营是在2001年。在这之前他经营着一家超市，由于拆迁，他只好改行和一个福建籍朋友做起了茶叶生意。那时，茶艺还处于萌芽状态，是一个新兴产业，利润空间和发展空间都比较大。

然而，李健对茶艺、茶文化一窍不通，门市开业后，面对顾客提出的有关茶的问题，他常常脸涨得通红，说不出话来，之后只得向朋友求救。看着朋友和顾客大谈茶文化，李健第一次认识到茶居然有着这样深的内涵，他喜欢上了这一行。

后来，李健和朋友的经营理念发生了分歧，生意也开始变得清淡。李健回忆，在一段时间里，他们不断地往里垫钱，根本没有回款。坚持了三个月后，李健与朋友在经营思路上的分歧越来越大，最后只好分道扬镳。于是，李健开始独自创业。

经过市场调查，他把茶叶门市地址选在了北京茶叶一条街——马连道。也许是初生牛犊不怕虎，李健当初只是想扎堆的生意好做，并没在意这一条街上对手们的来历。后来他才发现这里的人个个都是高手，不论是茶道还是销售，而且他们都来自茶叶生产厂家，对茶有着深刻的理解，唯独他是个门外汉。

李健选定地址后看中了一间 60 平方米的门市，年租金 4 万元。他交了租金请来装修工装修门市，自己则赶往茶叶生产地采购茶叶。这是他第一次采购茶叶，由于没有经验，又缺乏茶叶知识，他采购的茶叶无论在色泽上还是质量上都给日后的批发和销售带来了困难。为了不再犯同样的错误，他买来大量有关茶叶的书，仔细研读，凡是上门的客户也都提供最优惠的价格，以便发展市场。即使这样，他的门市仍是门庭冷落。

李健开始托朋友介绍茶叶销售渠道，稍有空闲就亲自背着茶叶样品去零售店推销，有时他请人给他看门市，自己背个大袋子到偏远区县去找销售点。而很多时候，他都吃了闭门羹，偶尔听到"我们有供货方，以后考虑吧"，他都激动半天。"那时我一心想着尽快发展客户，有时一天只能吃一顿饭，一个月下来整个人都快虚脱了。"

在两个月里，他跑遍了 6 个城市的茶叶零售店，但是没有得到任何回报。

李健的茶叶门市经历了整整 14 个月的萧条后才开始复苏。在这期间，他不断听到类似他这种门外汉茶业门市倒闭的消息，他的朋友也劝他收手。李健经过激烈的思想斗争后，咬着牙告诉朋友："我已经喜欢上了这个行业，每个行业起步都会有艰难和困苦，更何况我还没有认输。"

随着对茶经的深入了解和对市场的辛勤开拓，李健的门市第 13 个月开始有了一点利润，就在 2003 年春节前的一个月，他的门市赚回了之前的所有投资，还略有盈余。2004 年，李健的茶叶门市纯利润达 20 多万元。

事实证明：只要有恒心，铁棒也能磨成针。看一个人，不必看他辉煌耀眼、春风得意之时，而应看他身处逆境时是怎样艰难跋涉的。执着是人类的一种美德，任何天赋、才华、强势都不能代替。不积跬步，无以至千里；不积细流，无以成江河。千里之行始于足下，做任何事情都必须有恒心。

第十章

我与你的惊喜，
是刚刚好的相遇

得不到的不一定是最好的

从前，有一座圆音寺，寺庙前的横梁上有个蜘蛛结了张网，经过了三千多年的修炼，蜘蛛佛性增加了不少。有一天，大风将一滴甘露吹到了蜘蛛网上。蜘蛛望着甘露，顿生喜爱之意，它觉得这是它最开心的一天。突然，又刮起了一阵大风，将甘露吹走了。蜘蛛很难过。这时佛祖来了，问它："蜘蛛，世间什么才是最珍贵的？"蜘蛛想到了甘露，对佛祖说："世间最珍贵的是'得不到'和'已失去'。"佛祖说："好，既然你有这样的认识，我让你到人间走一遭吧。"

蜘蛛投胎做了一个官宦家庭的小姐，名叫蛛儿。一晃，蛛儿到了十六岁，出落成了一个楚楚动人的少女。这一日，皇帝在后花园为新科状元甘鹿举行庆功宴席。宴席上来了许多妙龄少女，包括蛛儿，还有皇帝的小女儿长风公主。状元郎的才艺展示令众多少女为之倾倒，但蛛儿知道，这是佛祖赐予她的姻缘。

几天后，皇帝下诏，命甘鹿和长风公主完婚，蛛儿和太子芝草完婚。这一消息对蛛儿如同晴天霹雳，她怎么也想不通，佛祖竟然这样对她。几日来，她不吃不喝，生命危在旦夕。太子芝草苦恋蛛儿，如果蛛儿死了，他也不想再活，便准备拔剑自刎。

这时，佛祖来了，对蛛儿灵魂说："蜘蛛，你可曾想过，甘露（甘鹿）是风（长风公主）带来的，最后也是风将它带走的。甘鹿是属于长风公主的，他对你不过是生命中的一段插曲。而太子芝草是当年圆音寺门前的一棵小草，他看了你三千年，爱慕了你三千年，但你却从没有低下头看过它。蜘蛛，我再问你，世间什么才是最珍贵的？"蜘蛛一下子大彻大悟，她对佛祖说："世间最珍贵的不是'得不到'和'已失去'，而是现在能把握的幸福。"刚说完，佛祖就离开了，蛛儿的灵魂也回位了，她睁开眼睛，看到正要自刎的太子芝草，她马上打落宝剑，和太子深情拥抱……

可能每个人都有过这种经验，强烈喜欢某一个人，但是却因为各种原因不能走到一起，成为了在心中苦苦折磨的刻骨铭心的记忆。实际上有太多得不到的感情并不是爱情，只因记忆堆积久了，对方在我们心目中的分量重了，所以我们无法放下的是这段感情，而并不是对方的这个人！

很多时候，爱我们的人近在咫尺，可是让我们柔肠百转、牵肠挂肚的却往往是另外一个人。我们为他流泪、为他悲哀；只讲付出，不要一点回报。我们以为这是爱情，其实这只是出于人的某种心理：得不到的，就是最好的；轻易得到的，往往不懂珍惜。

我们中的很多人都固执地认为得不到的总是最好的，得到的都是自己不想要的或不是最好的最优秀的。于是苦苦追求永远得不到的东西，为了一棵树放弃了整片森林，错过了更多的岁月和更多的人。还总是沉溺于无边无际的忧伤和痛苦之中抱怨命运的捉弄，命运的不公平。在这种心理的驱使下，我们很难快乐，始终看不到未来，时时喜欢把自己身边的人与得不到的相比，把得不到的想象成最完美的精品，而身边的人往往不懂得去珍惜，只有在失去身边的人后，才知道后悔，恍然大悟，这时，人的心理又开始认为失去的（又一次得不到）才是最好的。得不到的未必适合自己，未必是自己的最爱。

　　爱，本来就是一件百转千回的事，说不定有那么一瞬间就会幡然悔悟——原来你也在这里。不要追求虚无缥缈的爱情，不要尝试飞蛾扑火，不要因为年轻就挥霍爱情。该放手的时候不要犹豫，不要让不值得的人一次又一次伤害我们。很多时候我们以为自己爱的是那个人，其实我们只是爱上爱情。

　　爱是一种感觉，不爱也是一种感觉，而常常难以判断的是心中的感觉到底是爱还是不爱。原来握在手里的，不一定就是我们真正拥有的；我们所拥有的，也不一定就是我们真正铭刻在心的。人生很多时候需要自觉地放弃，因为拥有的时候，我们也许正在失去，而放弃的时候，我们也许正在重新获得。

面对爱，紧紧抓牢，不如轻轻托起

　　生活中一些事情常常是物极必反的：你越是想得到他的爱，越要他时时刻刻不与你分离，他越会远离你，背弃爱情。你多大幅度地想拉他向左，他则多大幅度地向右荡去。

一个即将出嫁的女孩向她的母亲提了一个问题："妈妈，婚后我该怎样把握爱情呢？"

"傻孩子，爱情怎么能把握呢？"母亲诧异道。

"那爱情为什么不能把握呢？"女孩疑惑地追问。

母亲听了女孩的问话，慢慢地蹲下，从地上捧起一捧沙子，送到女儿的面前。只见那捧沙子在母亲的手里，圆圆满满的，没有一点流失，没有一点撒落。

接着母亲用力将双手握紧，沙子立刻从母亲的指缝间泻落下来。当母亲再把手张开时，原来那捧沙子已所剩无几，其团团圆圆的形状，也早已被压得扁扁的，毫无美感可言。女孩望着母亲手中的沙子，领悟地点点头。原来爱情需要空间，握得越紧，失去的反而越多。

爱就如一棵常青树，千百年来让众多痴男怨女为之欣喜，为之憔悴。《牡丹亭》中的杜丽娘为情痴、为情怨、因情逝，又因情复生。古之文人墨客，帝王将相也都难逃美人关，玄宗于八年后怀念杨贵妃之时，亦不禁老泪纵横。问世间情为何物，没人说得清。

但有一点是毫无疑问的，爱人时常需要从捆在他脖子上的爱的锁链里挣脱出来。我们应当自信，真正的爱是可以超越时间、空间的。因此，作为婚姻的双方，在魅力的法则上，请留给彼此一个距离。这距离不仅仅包含空间的尺度，同样包含心灵的尺度。当然浪漫并不是空中楼阁，你无须刻意营造，只要能在平时的小事上下功夫，将幸福植入他的心中，如果他的心中时刻有你，你们的爱情自然长盛不衰了。

一位爱情多次受挫的美丽女孩逐渐学会了对她所爱的人说："我爱你，珍惜你，尊重你。我相信，如果我不拦你的路，你能够或有能力充分发展成你所能成为的人。因为我太爱你，所以我能放手让你与我并肩而行，走在快乐里和痛苦里，我会分担你的眼泪，但我不会要你不哭；我会响应你的需要，关心你、安慰你，但我不会在你能自己走时拖着你不放；我随时准备在你难过和孤独时与你在一起，但我不会不让你体验自己的难过和孤独；我会尽力听懂你的话的意思，但我不会总是同意你所说的。有时我会生气，生气时我会尽量让你知道我在生气，以使我们不必为有分歧而彼此过不去。"

这个女孩说得很对，爱无须抓得太死，也不必给得太多，多了也会让人窒息。就像有首歌里所唱的那样："爱你很好，真的很好，你知道什么是我想要。当被你拥抱我甚至想不出有什么是我所缺少；早餐做好衬衫熨好，让我看来是你的骄傲。你从不吵闹，但是这安静的生活使我想逃……"爱情就是这样，爱本是生命中深挚的关怀与体察，无须刻意去牵扯，越是想抓牢，越容易成为枷锁。

爱情需要自由呼吸，不管是"硬泡"还是"软磨"，都不是爱情本该有的形式。爱情就像一门艺术，要用心、用浪漫去调

所有的为时已晚，其实都是恰逢其时

和，才能琴瑟和鸣，水乳交融。然而很多女孩不懂这个道理，她们的爱已经成为了一种沉重的枷锁，套在了男人的身上，令男人感到无法喘息。其实，有人把爱情看得很重，这并没有错，只是爱应该有松有弛，过分地想牢牢地掌控爱情，拴住男人的时候，那爱却越容易出现危机，那男人反而会离你越来越远。

如果天长地久意味着一列永不出轨的火车，下面有关爱情婚姻生活的战略就像制定一张准确的运行时刻表。因为成功的爱情和婚姻并非源于机运，所谓的七年之痒也不是空穴来风。对那些准备结婚或已婚男人来说，他们需要计划——为了一年比一年过得更有价值，而不仅仅是等待幸福的日子。

爱情和婚姻的道理与此相似，婚姻要想长久，切不可一味"盯着"，"看着"，"防着"，"握着"，把爱情"抓"得太紧！适当地松松手吧，这样对彼此都是一种心灵的释怀。

相爱就像抽奖，而你是我的"谢谢惠顾"

爱情不是盛开在天堂里的花朵，在这个纷繁复杂的物质社会里，爱情也常常会受到各类"病毒"的侵袭，遭遇一些或大或小的冲突。当爱情的伊甸园危机四伏时，是坚守还是突围呢？突围后又是否能有个好的未来呢？越来越多的人为此举棋不定，日夜嗟叹。

"爱到尽头，覆水难收"，勉强维持没有爱情的关系是没有意义的。有时候，放手也是一种明智。一个不想失去你的人，未必是能和你一直走到老的。可是，正是因为占有欲太强，也会做出各种不理智的事情。

其实，当爱情已经走到了"灰飞烟灭"的尽头，无论你如何费尽心力去维持它，都于事无补。爱是一种自自然然的感觉，爱散了、淡了、完了，就随他去吧，何必"死缠烂打""寻死觅活"呢？对于一个已经不爱你的人，坚持又有什么意义呢？"天涯何处无芳草，何必单恋一枝花"，曾经以为是天长地久，到头来才发现只是萍水相逢，他只是你生命中的过客，并非那个注定要为你驻留的人，又何必太在意他的离去呢？生命中总会有人与你擦肩而过，有人为你停留，何必苦苦让自己在一棵树上吊死呢？倒不如放手，给他也是给自己一片广阔的蓝天，这样你的生活才能过得更好。

芊芊曾经听妈妈讲过她和爸爸之间的爱情故事，很美、很浪漫。她为此感到骄傲：自己的父母是因为爱而结婚的！甚至在一年之前，她仍然认为他们会一直相爱到白头，可理想和现实终究是有距离的。

那是一个飘雪的冬日。清晨，她被爸妈的争吵声惊醒。她走出房门，见爸爸正在穿大衣。

"这么早，你要去哪儿？"她想拦下爸爸。

"这个家已经没有我的容身之地了！"爸爸大吼着冲了出去。

妈妈倒在沙发上，无声地哭泣着。自那以后，爸妈天天吵，时时吵，刻刻吵。她不得不充当和事佬的角色，不停地去平息他们的战火。如此持续了几个月，大家都已经筋疲力尽了。突然有一段日子，他们不再吵了，而是变得相敬如"冰"，谁都懒得多看对方一眼。爸爸日日晚归，有时整夜都不回家。妈妈还是原来的样子，照常做饭洗衣，只是郁郁寡欢，难得一笑。

一天，芊芊实在忍不住了。"你们离婚吧。你们早就想这样了不是吗？只不过碍于我而迟迟不下决定。实际上我没有你们想的那么脆弱。既然不再相爱，何苦硬是凑在一起？即使你们离婚，也仍是我的爸爸妈妈，我也仍然是你们的女儿。"

妈妈哭了，这是芊芊早就料到的，但她不曾想到的是，爸爸竟然也流下了眼泪！

半个月之后，爸爸搬出了他们曾经共有的家。芊芊现在生活得很自在，她的爸爸妈妈也过得很快乐。

爱情没有尺度来衡量，婚姻没有标准来量化。如果爱就要学会宽容，学会等待。爱情就像做菜，适时地添加佐料才有美感。如果这份爱走到尽头，没有挽回的余地，那就放手吧，不要让爱成为你幸福人生的牵绊。爱过知情重，如果实在难以割舍。那么告诉自己，放手也是因为太爱他，然后，将这份情深深地埋在心里，等待时间告诉你一切的结果——那就是，生活并不需要无谓的执着，没有什么不能被真正割舍。

人生风云变幻难测，更何况是不能用理性评判的爱情呢？不知你有没有想过，明知爱已经不在，可就是不肯放手，原因是什么呢？"我就是要死拽着他，死也要拖死他！"当你说这句话的时候，很显然，你已经对他没有了爱。不放手的原因只是不甘心，是不正确的自尊让你变得糊涂，让你执拗。筋疲力尽的牵拽甚至可能让你变得疯狂，越加没有理性，做出一些过激的行为，从而使自尊丧失，甚至想回头是岸都悔之晚矣。早知如此，何不及时放手做出新的选择。洒脱地爱，洒脱地放手，才能拥有真正的爱情。

真正属于你的，永远都不会错过

少男少女踏进青春的门槛时，自然会对异性产生好奇与爱慕。最初的爱情是这样的美好而单纯，然而就是因为它单纯，所以也脆弱。它往往是迫不及待、无比强烈地开始，经过短暂的激情很快就会搁浅。所以，如果你的爱在无望中结束时，请不要悲伤。

一个清秀的女孩失恋了。她来到当初她与以前的男友约会的公园里，伤心地哭了起来，她哭得很悲戚。很多人看她伤心的样子，都耐心地劝导她，可是，别人越是劝，她越是觉得自己很委屈，她不明白为什么男孩不再爱她了。渐渐地，她逐渐由伤心变成了不甘心，又由不甘心变成了怨恨，她不甘心自己的爱为什么不能换来同样的回报，她怨恨他太狠心，太无情。她越哭越悲伤，难以遏止，陷于强烈的失落、自卑和悔恨中不能自拔。

一个长者知道她为什么而哭之后，并没有安慰，而是笑道："你不过是损失了一个不爱你的人，而他损失的是一个爱他的人。他的损失比你大，你恨他做什么？不甘心的人应该是他呀。再说，他已经不爱你了，你还要伤心、怨恨，来让这份失败的感情阻碍你今后的生活吗？"姑娘听了这话，忽然一愣，转而恍然大悟。她慢慢擦干泪，决心重新振作，投入新的生活。

不是所有爱情都可以"在天愿作比翼鸟，在地愿为连理枝。天长地久有时尽，此恨绵绵无绝期"。所以，即便是唐明皇，最终也舍弃了他的爱妃杨玉环，任由上天结束那段千古传唱的悲剧。

人生在世，爱情全仗缘分，缘来缘去，不一定需要追究谁对谁错。爱与不爱又有谁可以说得清？当爱着的时候只管尽情地去爱，失去爱的时候就潇洒地挥一挥手吧，人生短短几十年而已，自己的命运把握在自己手中，选择遗忘，恰是对这段感情最好的纪念，没必要在乎得与失、拥有与放弃、热恋与分离。

有这样一对性格不合的夫妇，丈夫8次提出离婚要求，而妻子就是死活不离。在法院判决中，女方总是胜诉，就这样一直拖了29年。29年的岁月过去了，这位妇女的青春年华在拖延中消失了，乌黑的头发已成白发，红润的脸颊变黄了，刻上了一道道岁月的伤痕，身体也被折磨得满身病痛。

由于妻子的坚持，婚姻仍然存在，然而爱情早已荡然无存。她失去了幸福的家庭，失去了自己的青春，失去了健康的身体，也失去了再婚的机会，孩子也没有因此追回父爱。结果，法院还是判离了。离婚后不到两年，这位不幸的妇女就因病情加重而离开了人世。

这位妇女的一生都是悲惨和不幸的，然而她的不幸多是因为自己不肯学会放手，即便对方已经对她没有一点留恋，她还认为自己对他是有爱的，所以不会离婚。而这样，痛苦的却是两个人。

当爱情离我们远去的时候，我们要尽力挽留；当我们无法挽留的时候，最好的处理方式，就是遗忘，忘掉以前的愉快和不愉快。因为任何好的或不好的回忆，对于失恋者都是一种灵魂的刺痛。

当我们学会了遗忘，才会真正的解脱，才会学会宽容。有人说，经历了真正的爱之后，人才会成熟。不论结果如何，只要我们真心付出过、坦诚地对待过，也就不会有什么后悔的地方。成熟的心志，才会产生成熟的感情。青涩年华产生的爱情，单纯而无比美妙。但是，它通常很难经得起岁月的考验，很难历练成恒久、深沉的真爱。那么，就让那些过去成为美好的回忆吧。

我们仍然年轻，我们还有很多时间和机会去寻找爱，重新去爱。我们有理由相信，总有一份爱在未来的日子里期待着我们呢。因此，当爱搁浅时，试着遗忘吧，同时也放松你的心灵。

在爱情上不要犯傻，要时刻警醒自己，爱也是可以选择的。在放手的同时，也是给予了自己一次新的选择的机会。放爱一条生路，也是给自己一条生路。

放开该放的，才能抓住该抓住的。学会遗忘那些抛弃你的人，他们不适合你。当你从痛苦中抬起头的时候，你会发现，幸福就在拐角处。

单身是上天在为你准备更好的人

爱情不是占有，也不是付出多少就能得到多少的等价交换，有的时候我们会品尝到失去爱人的苦涩，需要明白放手也是一种爱。只有这样，你才能不为自己的执着所困惑，不为自己的妄念所痛苦，才能真正拿得起、放得下。只有这样，当你遇到飞鸟与鱼的爱情时，才能感激爱情的美好，而不是为了不能在一起而悲伤痛苦。

普陀山的寺院里有一个老修行者。他是一个铁工厂老板的独生子，父亲死后，他继承了全部的家业。但是他觉得铁工厂制造刀枪等武器威胁万物的生命，就放弃了父亲留给他的工厂，转而投身农业当中。自己也操起锄头，带着妻子来到乡下过起自在的田园生活。

但是他的妻子却忍受不了这种淡泊、勤俭的日子，于是背着他和别人私通。私通这件事，他其实是有察觉的，不过他并未声张，也没有生气，只是把精力都放在了从事农作上，偶尔也参悟佛法。

有一天，他故意对妻子说自己要外出大半月，让她好好照顾家。其实他只是躲在不远处的寺院里暗自观察，等待时机。

没过两天，妻子就真的约了自己的情夫到家里来住。他见时机已成熟，便买了些酒和菜回家了。

妻子见他突然回来了，赶紧把情夫藏了起来。他把酒菜摆好，叫来妻子和自己一块庆祝。

他说："我在外做生意赚了钱，今天你陪我好好地庆祝一番。"

妻子见他这么高兴，赶紧跑到厨房拿了两双筷子。他见了，说："你应该拿三双筷子才对。"

妻子疑惑地望着他问："为什么要拿三双？等会儿还有客人要来吗？"

他说："我们的客人早就到了。"

妻子环顾四周，问："客人在哪呢？"

他说："就在屋子里呀！"

妻子说："屋子里？我怎么没有看到？"

他说："你去把客人请出来吧。"

妻子既紧张又不解地说："你是不是哪里不舒服了？还是在外头遇见了什么不开心的事？"

他说："我很正常，你不用害怕。今天是个好日子，你尽管请他出来就好。"

妻子还是故意装作一无所知，和他对话。

最后，他实在忍不住了，便喝道："不要敬酒不吃吃罚酒，快请他出来，否则我就不客气了！"

妻子吓得直哆嗦，那个躲在房里的情夫更是怕得赶紧出来了。

他礼貌地给妻子的情夫敬酒，还向他跪拜磕头。弄得这对私通的男女吓得魂飞魄散。

"今天是个好日子。首先我要感谢你！"他对妻子的情夫说，"你简直是我的恩人。从今天起，我所有的财产，包括我的妻子，都送给你了。"

就这样，他把束缚他的万业放下，身心轻松地离开了家，去普陀山修行了。

妻子和情夫结为正式的夫妻，可是新任的丈夫好吃懒做，吃喝嫖赌，还虐待她。这个时候她想起前夫的种种好，她知道，这是报应。于是她跑到普陀山去请求前夫与她和好。不过任凭她怎么央求，已是出家人的他都没有接受她的请求，反而劝说前妻应该回去和现任丈夫好好地经营家庭。她回去后，现任丈夫反而挥霍得更厉害，没过多久，前夫留下的家业全被他败光了。最后，她沦落街头，不得不以乞讨为生。

这天，她又来到普陀山请求前夫的原谅。但是前夫依旧心如止水，没有答应她。她不甘心，想尽办法来讨好前夫。她记起前夫最爱吃鲤鱼，于是跑到市场买了条鲤鱼，做成前夫爱吃的口味送到普陀山上来。

前夫没有拒绝这道菜，他说："你还记得我喜欢吃鲤鱼。既然你把它给了我，那我就收下，并放生了它。"

听了前夫的话，她十分奇怪，问："鱼已经被煮熟，还能放生吗？"

他说："是啊，死了鱼是不可能复活放生的。我们也一样，过去的感情已经逝去，还怎么复合呢？"

逝去的爱情无法挽回，再去死死地抓住不放手，也没有意义。虽然世人都希望"有情人终成眷属"，但世人总会受到很多限制，不能真的随心所欲。如果你真的爱一个人，却无法相守，你要记住：爱一个人并不是一定要得到。放开手，守望对方的幸福，也是一种真爱。

能够相爱是幸福的，但我们总会看到一些悲伤结束的爱情。要培养一份清净无染的爱，在感情上不要有得失心，不要想得到回报，就不会有烦恼。我们都要学着洒脱，学着接受，"爱过，就是慈悲"，爱一个人最大的幸福不是得到对方，而是让对方得到幸福。

所有的为时已晚，其实都是恰逢其时

放手虽难，却是成全

想象中的爱情是一种理想，生活中的婚姻是一种现实。现实和理想难免有出入，所以，当一切最初的浪漫变换成现实中的柴米油盐等实际的事物，那一切问题便接踵而来。

每个人都希望自己永远拥有幸福美满的爱情，而且都刻意把握自己拥有的爱，其实越是想抓牢，反而越容易失去自我，失去彼此间的宽容和谅解，爱情也会因此而变成毫无美感的形式。这样，当爱不再是一种依恋，而成为一种羁绊，复杂的感情会让曾经相爱的双方身心疲惫，拉锯式的爱情也会让双方饱尝痛苦的折磨，无法正常工作、生活，更甚者还会造成精神和心理疾病。所以，当你面对复杂的感情时，还是及早放弃吧，到那个时候，你便知道放弃也是一种好的方式。

24岁的张华和男友经历了5年的恋爱长跑，其间有过无数次的争争吵吵、分分合合，可最后两人还是走在了一起。就在两人快要结婚的前一个月，因为一些生活习惯的问题再次爆发了激烈的争吵。

以前数次的争吵，总是过不了多久就会重归于好，可这次，张华觉得两人都属于个性极强、急性子的人，以后遇到矛盾谁能忍让呢？难道结婚以后也一直这么吵下去吗？她已经对这种周而复始的争吵厌倦了。

她想起过去买的一双鞋子，很漂亮，像一双精致的工艺品。就是因为太喜欢那双鞋子了，当初试穿时虽然左脚有些挤脚，可店里又没有第二双了，她还是买了下来，以为多穿穿就会适应了。

　　没想到过了很久，还是不合脚。每次穿着它出门都得忍受疼痛，回到家左脚的脚趾都会红肿。后来这双鞋子只好一直放在鞋柜里，每次换鞋时看到它，都会遗憾地摩挲一下它精致的鞋面。

　　张华现在看到她的男友，就会想起那双鞋子。当初在一起时，只是出于爱慕，但并不了解男友是否适合她。当她发现两人彼此不合适的时候，在一起已经太久了，谁也不忍轻易放弃，维系两人关系的其实只是一种不舍的心情。漫长的 5 年并没有使两人和谐相处，而依恋却很深。就这样两人走进了一个死胡同，只要两人在一起，就不免摩擦得血迹斑斑，然而时间越长，就越不舍，于是两人在伤口愈合后，又开始彼此之间新的伤害。

　　可惜无论在一起多久，不合适的终究不合适，就像那双鞋子，多穿一次，并不能让它更合脚一些，而只是让自己多经受一次痛苦。所以当你发现自己喜欢的鞋子并不合脚的时候，应该果断地把它丢弃。

　　选择恋人如同选择鞋子，只有合脚的才是最好的。往往你很懂得选择。无论是简单的购物，还是对于工作、学习、生活的选择。而当遇见爱情的时候，你却忘记了选择，或不会选择了。在

所有的为时已晚，其实都是恰逢其时

爱的选择中，人们常常做出愚蠢的举动。

　　不要忘记，爱也是可以选择的。如果想要拥有真正的爱情，也需要我们像买东西一样精心挑选。如若出现了什么问题，我们一样也要退换，不要在抱怨声中滞留。

　　爱情也是会出现质量问题的。毕竟爱情是两个人的事情，彼此个性的不同会使爱情中产生很多问题。爱情的保质期究竟有多长，判断爱情消逝的标准又是什么，很多人都在研究。

　　当你的另一半已经品性不端，或者三心二意、对你冷漠的时候，很显然，你们的爱情已经出现了问题。如果可以补救，那固然很好，可是有时爱情已经变质到无法挽回，这时勉强在一起也没有好结果，甚至容易因爱生恨。那么我们为什么不去做新的选择，放爱一条生路呢？

　　在爱情上不要犯傻，放爱一条生路，也是给自己一条生路。

　　当爱情如芒在背，受伤的双方无法照亮彼此的心，那么拯救自己的唯一办法，就是放弃这段伤痛。但不要因为一次失败的感情从此就不再相信爱情，只要你还拥有一颗能爱的心，那么相信在尖锐的疼痛中你仍能看到爱情的光芒。如果不是实在无路可退，那么请不要选择放下曾经的爱，如果真的毫无退路，如果那份爱对你来说已是地狱，那么放弃也许是你唯一的选择。

　　当爱成为樊篱，当感情已经逝去，那么，不要犹豫，不要留恋，该放弃的就放弃吧！

因为相遇，所以珍惜

爱是一盏灯，不管它是否能照亮他的前程，但它一定能照亮一个男人回家的路。因为这灯光是一个女人从心底深处用一生的爱点燃的。

爱一个人，你就会傻傻地爱得忘了自己，你会爱着他的爱，痛着他的痛；你会因为他的开心而开心，因为他的悲伤而悲伤；你会挂念着他的衣食住行；你会爱他的全部，包括他的缺点；你常常会不自信，会担心自己配不上他，而不断地改变自己，努力使自己变成他所喜欢的样子……也许这样，不了解爱情的人会觉得累，觉得自己的生活禁不住这样的折腾，但是只有当事人才能体会到内心的甜蜜，也只有感恩的心才能感受到两个人在一起生活的美好。

有一个女人，她的脸动过手术后，因为有一小段面部神经不得不被割去，造成脸部部分肌肉瘫痪，表情扭曲变形。从此以后，她将永远是这副样子。

她年轻的丈夫站在病床一旁。两人在昏黄的灯光下，默默对视。

"我的嘴永远都会是这样子吗？"她问医生。

"是的。"医生说。她听后低头不语。

"我喜欢这样子，"她的丈夫说，"亲爱的，孩子也会喜欢你的。"

此刻，丈夫毫不介意外人在场，低头去吻妻子歪扭的嘴。医生站得那么近，看见他也扭曲自己的嘴唇去配合妻子的唇型，表示两人还可以吻得很好。医生憋着气，不敢出一点儿声，只觉得自己是在目睹一个神圣的场面。

生活的蜜意，有时候就只是一句鼓励，一个亲吻而已。在我们的生活里，很多人价值观发生了变化，他们觉得只有找到一个有钱人，把自己嫁掉，才能够维系生活的浮华，也能满足自己的虚荣心。但是那些有钱人虽然外头风光，内里头未必适合你。毕竟"树大招风"，一辈子的幸福，还是应从自身出发，不要为了一时的显耀，误了自己一生。

就像女人穿高跟鞋，看起来闪亮无比，穿在脚上，用于远行，却实在不是一件快乐的事。婚姻也是这样，不求浮华但求适合，36码的脚不能穿35码的鞋，爬山的脚不该穿时髦的高跟鞋。也就是，金碧辉煌的宫殿也许不适合你住，舒适温馨的小巢也许才是你真正的安乐窝。

但无论如何，什么样的脚配什么样的鞋，什么样的女人配什么样的男人，如果女人想嫁个优秀的好男人，为自己找个一生的依靠，请别忘记，男人也有大脑，有心有肺，他们会任凭自己的下半生阴晴不定，随随便便找一个人就娶了吗？不会的，他们也会"精挑细选"，再三斟酌，直到碰到了自己想要的那一位，才会安安心心地走进婚姻的殿堂。

有缘才能牵手，在爱的号召下走到一起的两个人，从不同的地方走到一起，共同肩负起家庭的责任，相对于爱情来说，家庭更需要双方的经营。

爱的结构是复杂的，它需要的是双方的互敬、互助、互谅、互让。两个人能走到一起不容易，彼此应好好珍惜。即使对方有一定的缺陷和行为失误，也应给予宽容和谅解。人非圣贤，孰能无过？宽容和谅解是恋人之间感情的围墙，它能呵护一对情侣的幸福。所以，当你的他犯了错误而你准备把爱情冰封的时候，千万别忘了爱情里有一组细胞叫宽容。多给对方一个机会吧，相信会多一份温馨。

谨慎你的婚姻，同时也要用心经营，幸福总是来之不易的，但是只要时时能为对方着想，以一颗感恩的心面对生活，你一定会是这世上最幸福的人。

与其抱怨批评，不如欣赏赞美

婚姻生活中不尽如人意的事有很多，但与其抱怨批评，不如欣赏赞美。那样才会收获美满的生活。有人说，男女之间相知相爱是最重要的。其实，漫漫人生路上我们能遇到很多能打动我们的人，远远不止一个，我们不能和每一个动心的人相爱。在婚姻中的双方，由于长久地生活在一起，就会看到对方很多的缺点与不足，当爱的激情退却，仍旧保持婚姻的美好，重要的不是爱，而是欣赏优秀的人身上会散发着诱人的光彩，他的独特的魅力；他不仅吸引着你，同时也吸引着和你同样有着鉴赏能力的人。

约克郡一个贫穷的乡村里有一对老年夫妻，家里一贫如洗，于是他们想用家里唯一值钱的一匹马换回一些更有用的东西。商量妥当以后，老头子就牵着马赶集去了。老头子在路上先跟人换了一头母牛，又用母牛换回了一只羊，再用羊换了一只鹅，又用鹅换了一只鸡，最后竟用鸡换回了一大袋苹果。

他扛着大袋子在酒吧里休息，这时候遇见了两个英国人，他们在听了老头子赶集的经过后，都禁不住哈哈大笑起来，说他回到家，一定会被老太婆狠狠地揍一顿。老头子却坚定地说，肯定不会，我将得到的不是一顿痛打，而是一个吻。两个英国人说什么也不相信，他们嘲笑老头子的异想天开，最后还用一斗金币和他打赌，然后三个人一起回到老头子的家里。老太婆见老头子回来了，高兴得把客人都忘了。老头子于是老老实实地把赶集的经过告诉了她。老太婆听得很专注，脸上没有一丝不愉快，始终是喜悦的表情。老头子每交换一次东西，她都加以肯定："感谢老天爷，我们有牛奶可以喝了。""哦，我们不仅有羊奶、羊毛袜子，还可以有羊毛睡衣。""今年的马丁节终于可以吃到烤鹅肉了。""太好了，我们将有一大群鸡了。""吝啬的牧师妻子说她连苹果都没有，但现在我却可以借给她十个苹果。"说完，她响亮地亲吻了老头子一下。

两个英国人看到此景心服口服，很爽快地付了一斗金币，他们说，他们很久都没有看到这么相互欣赏恩爱的夫妻了。

如果农夫的妻子用"你看人家老公多聪明，你却……""你看人家的老公……"这样的语言去比较的话，一场不愉快或大战就可能爆发，可是她没有这样，而是一直用欣赏的眼光去看待老公做的每一次交换。是的，也许在物质上确实损失了很多，但是对于真心相爱的夫妻来说，保护爱，不让爱受到损失比什么都重要。用心去爱，用心去欣赏，你就会发现丈夫或妻子还是自己的好。

任何时候，我们都应该试着用欣赏的眼光看待人和事，你便会更坦然地面对一切了。人总是追逐新鲜的东西，和一个人相处久了，不免有两看相厌的感觉。但是世间没有一种情感是永恒不变的，所以，不要奢望你能拥有很多，用一种平常心去欣赏你的另一半，就像欣赏一幅画一样，你会很快乐，也会很坦然。那么面对诱惑，也就会变得很淡然了。

宋代大文豪苏东坡的妹妹苏小妹，生得清雅秀丽、全无俗韵、聪明绝世，并嫁给当时同样是宋代大文人的秦观为妻。新婚之夜，秦观正要喜入洞房，却被小妹挡在门外。小妹隔门连出了几道难题，要秦观应答，何时答对了，才准进入洞房。秦观虽才思敏捷，也直到三更过后，才把小妹的难题全部答出，获准进入洞房。婚后秦观小两口诗来词去、夫唱妇和、相互欣赏、情深意长。最后小妹先秦观而卒，秦观思念不已，终身不再复娶。

这段佳话，被后人写成醒世之言，就是有名的"苏小妹三难新郎"。可见，古人早已深谙夫妻恩爱之道。为夫为妻，或贫或富，都要相互欣赏。只有欣赏得深才会恩爱得深，而恩爱越深，相互欣赏的东西也就会越来越多。

"孩子都是自己的好，妻子都是别人的好"，婚姻中的男女都有一种奇怪的心理，即总是用自己孩子的长处去与别人孩子的短处比，而用自己妻子或丈夫的短处去与别人妻子或丈夫的长处比，并往往陷入痛苦不满之中而不能自拔。其实这真是自寻烦恼，每个人都有优点和缺点，如果你不把注意力专注在自己另一半的缺点上，而去欣赏她（他）的优点，你就会发现，生活会更美好。

图书在版编目 (CIP) 数据

所有的为时已晚，其实都是恰逢其时 / 文德著 . --
北京：中国华侨出版社，2019.12（2020.9 重印）

ISBN 978-7-5113-8095-1

Ⅰ . ①所… Ⅱ . ①文… Ⅲ . ①人生哲学—通俗读物
Ⅳ . ① B821-49

中国版本图书馆 CIP 数据核字（2019）第 283323 号

所有的为时已晚，其实都是恰逢其时

著　　者：文　德
责任编辑：黄　威
封面设计：冬　凡
文字编辑：郝秀花
美术编辑：盛小云
经　　销：新华书店
开　　本：880mm×1230mm　　1/32　　印张：8　　字数：180 千字
印　　刷：三河市吉祥印务有限公司
版　　次：2020 年 8 月第 1 版　　2021 年 11 月第 4 次印刷
书　　号：ISBN 978-7-5113-8095-1
定　　价：38.00 元

中国华侨出版社　北京市朝阳区西坝河东里 77 号楼底商 5 号　邮编：100028
发 行 部：（010）88893001　　传　　真：（010）62707370

如果发现印装质量问题，影响阅读，请与印刷厂联系调换。